山东省技工教育和职业培训科研立项课题　课题编号：RSJY2013
山东省城市服务技师学院校本教材

安全知识教程

王疆辉　　刘培胜　　崔德悦 ◎主编

中国书籍出版社
China Book Press

图书在版编目（CIP）数据

安全知识教程 / 王疆辉, 刘培胜, 崔德悦主编. --
北京：中国书籍出版社, 2019.12
ISBN 978-7-5068-7767-1

Ⅰ. ①安… Ⅱ. ①王… ②刘… ③崔… Ⅲ. ①安全教
育–中等专业学校–教材 Ⅳ. ①G634.201

中国版本图书馆 CIP 数据核字(2019)第 282412 号

安全知识教程

王疆辉　刘培胜　崔德悦　主编

责任编辑	姜　佳	
责任印制	孙马飞　马　芝	
封面设计	范　荣	
出版发行	中国书籍出版社	
地　　址	北京市丰台区三路居路 97 号（邮编：100073）	
电　　话	（010）52257143（总编室）　　　　（010）52257140（发行部）	
电子邮箱	eo@chinabp.com.cn	
经　　销	全国新华书店	
印　　刷	青岛瑞克印务有限公司	
开　　本	787 mm × 1092 mm　1 / 16	
字　　数	206 千字	
印　　张	13	
版　　次	2019 年 12 月第 1 版　　2019 年 12 月第 1 次印刷	
书　　号	ISBN 978-7-5068-7767-1	
定　　价	36.00 元	

本书编委会

主　编　王疆辉　刘培胜　崔德悦

副主编　刘苗苗　孙　惠　王　妮　徐希江

编　委　吕颜峰　曲志明　刘玉杰　付小夏

　　　　张万杰　王宣东　张学友

前言

　　安全是伴随人们一生的永恒话题，是生存和发展的保障。青少年学生是祖国的未来，是家庭的希望。随着社会的不断发展，技工院校学生的学习和生活空间大大扩展，交流领域不断拓宽，安全事故的发生也越来越频繁。从对事故的统计分析发现，安全意识的淡薄和安全知识的缺乏是各种安全事故产生的主要原因，这给我们敲响了警钟。

　　习近平总书记指出："当今世界正面临百年未有之大变局，我国发展仍处于重要战略机遇期，同时各种可以预料和难以预料的风险挑战增多。""安不可以忘危，治不可以忘乱。""要高度重视对青年一代的思想政治工作，完善思想政治工作体系，不断创新思想政治工作内容和形式，教育引导广大青年形成正确的世界观、人生观、价值观，增强中国特色社会主义道路、理论、制度、文化自信，确保青年一代成为社会主义建设者和接班人。"

　　因此，学校有责任、有义务对在校学生开展安全教育，教育引导学生较为全面地了解掌握安全基本知识，增强学生的安全危机意识和法制观念，提高学生的防范能力，有效地减少和避免各种安全问题的发生，使学生在健康成长的过程中不断完善自己，成为德、智、体等多方面综合发展的高素质、高技能人才，为将来走向社会打下坚实的基础。

　　本书共分国家安全、人身安全、财产安全、心理安全、网络安全和生活安全六章，结合当前技工院校学生的实际情况，从不同方面、不同角度对学生进行安全教育，放弃冗长、繁杂的理论说教，突出实用，用精练的语句讲述安全知识教育的内容，穿插新闻、故事、案例、图片、课堂活动等形式，将心理分析、法制教育融入典型安全事件的解读中，切实引导学生将风险防患于未然。

本书在编写过程中，参考了大量的文献资料及研究成果，在此向原作者表示感谢。

由于编者时间和能力有限，疏漏之处在所难免，敬请批评指正。

编　者

2019 年 10 月

目录

第一章　国家安全

国家安全是人民幸福安康的基本要求，是安邦定国的重要基石。维护国家安全是全国各族人民的根本利益所在。党的十九大将坚持总体国家安全观纳入新时代坚持和发展中国特色社会主义的基本方略。"安而不忘危，存而不忘亡，治而不忘乱。"进入新时代，我国面临复杂多变的安全和发展环境，各种可以预见和难以预见的风险因素明显增多，国家安全内涵和外延比历史上任何时候都要丰富，内外因素比历史上任何时候都要复杂。

当前，全球化带来的西方文化和价值观大举进入，技工院校的学生，由于年龄小、发展不成熟，涉世未深，缺乏明辨是非的能力，很容易受到社会上不良风气、价值观的影响，诱使学生泄露国家机密、违反国家安全的违法犯罪案件时有发生。因此，加强学生国家安全教育极其重要，使青年学生牢固树立国家安全意识，有助于培养理想坚定、能力过硬、知识完备的高素质技能人才。

第一节　树立总体国家安全观

有密无防　险铸大错

据媒体报道，南方某市科研所博士李某，承担了一项重大高科技研究项目。在外出工作期间，李某经常在电话中与同事研讨科研项目的进展情况及进一步计划。没想到，李某的电话被境外谍报分子利用高科技手段进行了监听。幸好，国家安全机关及时发现了这一情况，并立即与科研所取得联系。但是，李某的无意泄密还是带来了一定的损失，科研项目也不得不作重大修改。

国家安全是国家生存和发展的基石，谋求国家安全是一个国家追求的永恒目标。

一、当前安全形势分析

(一) 国际形势

随着冷战结束，世界格局发生了变化，科技革命浪潮的兴起和全球化时代到来，世界呈现多极化倾向，和平与发展的趋势明显加强。在以经济贸易全球化为特征的新的世界政治格局背景下，以能源争夺为根源，一些国家抢夺和强占他国领土、领海和势力范围，加之当前世界金融危机下各国政治经济战略博弈下的利益竞争，对我国的国家安全造成了严重威胁。

近几年来，国际形势持续发生深刻变化，热点问题突出，形势时而紧张、时而缓和。国际上各种力量在斗争与合作的并存中相互协调关系，单边与多边、单极与多极之争贯穿整个国际关系变化的始终，并维持了世界和平与发展总体态势的稳定。

(二) 国内形势

近年来，国内非传统安全威胁因素呈上升趋势，公共卫生领域的流行疾病，大面积的气候严重异常导致灾害频发，恐怖主义、分裂主义、走私、洗钱等跨国犯罪的出现，严重敲响了我们加强和维护国家安全的警钟。在当今世界格局下，中国的国际地位越来越重要，成为敌对国家进行间谍活动的重点目标。外来敌对势力对我国的颠覆和破坏，已不再是传统的血与火的厮杀和明火执仗的掠夺，而是由"明"转向了"暗"。政治上，台独、港独分子搞分裂活动，各种敌对组织相互勾结，利用我国深化改革过程中出现的暂时困难大做文章，蛊惑人心，煽动社会不满情绪，伺机制造动乱，破坏我国安定团结的政治局面，严重地威胁了人民群众的生命财产安全。

播放国歌视频，全体同学起立唱国歌，看五星红旗冉冉升起，同学们心里有什么感受？和大家分享一下。

二、总体国家安全观的内涵

（一）国家安全的概念

国家安全是国家的基本利益，是一个国家处于没有危险的客观状态，也就是国家没有外部的威胁和侵害，也没有内部的混乱和疾患的客观状态。《中华人民共和国国家安全法》第二条规定："国家安全是指国家政权、主权、统一和领土完整、人民福祉、经济社会可持续发展和国家其他重大利益相对处于没有危险和不受内外威胁的状态，以及保障持续安全状态的能力。"

当前我国国家安全内涵和外延比历史上任何时候都要丰富，时空领域比历史上任何时候都要宽广，内外因素比历史上任何时候都要复杂。

图1-1 国家安全

（二）总体国家安全观的内容

国家安全工作应当坚持总体国家安全观，以人民安全为宗旨，以政治安全为根本，以经济安全为基础，以军事、文化、社会安全为保障，以促进国际安全为依托，维护各领域国家安全，构建国家安全体系，走中国特色国家安全道路。

1. 既重视外部安全，又重视内部安全

对内求发展、求变革、求稳定、建设平安中国，对外求和平、求合作、求共赢、建设和谐世界。

2. 既重视国土安全，又重视国民安全

坚持以民为本、以人为本，坚持国家安全一切为了人民、一切依靠人民，真正夯实国家安全的群众基础。

3. 既重视传统安全，又重视非传统安全

构建集政治安全、国土安全、军事安全、经济安全、文化安全、社会安全、科技安全、信息安全、生态安全、资源安全、核安全等于一体的国家安全体系。

4. 既重视发展问题，又重视安全问题

发展是安全的基础，安全是发展的条件，富国才能强兵，强兵才能卫国。

5. 既重视自身安全，又重视共同安全。

打造命运共同体，推动各方朝着互利互惠、共同安全的目标相向而行。

(三) 总体国家安全观的原则

1. 坚持统筹发展和安全两件大事，安全是发展的条件，发展是安全的基础。

2. 坚持人民安全、政治安全、国家利益至上的有机统一，这是维护和塑造中国特色大国安全的根本保证。

3. 坚持既立足于防，又有效处置风险，增强忧患意识、防范风险挑战。

4. 坚持维护和塑造国家安全，塑造是更高层次、更具前瞻性的维护。

5. 坚持科学统筹，实现国家安全各领域、各要素、各层面的统筹兼顾。

这些原则要求是我们党以总体国家安全观为指导，从战略高度上主动运筹国家安全积累的宝贵经验总结，对新时代维护和塑造中国特色大国安全具有极为重要的指导意义，必须倍加珍惜、长期坚持，并在实践中不断丰富和发展。

三、坚持总体国家安全观

1. 国家坚持中国共产党的领导，维护中国特色社会主义制度，发展社会主义民主政治，健全社会主义法治，强化权力运行制约和监督机制，保障人民当家作主的各项权利。国家防范、制止和依法惩治任何叛国、分裂国家、煽动叛乱、颠覆或者煽动颠覆人民民主专政政权的行为；防范、制止和依法惩治窃取、泄露国家秘密等危害国家安全的行为；防范、制止和依法惩治境外势力的渗透、破坏、颠覆、分裂活动。

2. 国家维护和发展最广大人民的根本利益，保卫人民安全，创造良好的生存发展条件和安定的工作生活环境，保障公民的生命财产安全和其他合法权益。

3. 国家加强边防、海防和空防建设，采取一切必要的防卫和管控措施，保卫领陆、内水、领海和领空安全，维护国家领土主权和海洋权益。

4. 国家加强武装力量革命化、现代化、正规化建设，建设与保卫国家安全和发展利益需要相适应的武装力量；实施积极防御军事战略方针，防备和抵御侵略，制止武装颠覆和分裂；开展国际军事安全合作，实施联合国维和、国际救援、海上护航和维护国家海外利益的军事行动，维护国家主权、安全、领土完整、发展利益和世界和平。

5. 国家维护国家基本经济制度和社会主义市场经济秩序，健全预防和化解经济安全风险的制度机制，保障关系国民经济命脉的重要行业和关键领域、重点产业、重大基础设施和重大建设项目以及其他重大经济利益安全。

6. 国家健全金融宏观审慎管理和金融风险防范、处置机制，加强金融基础设施和基础能力建设，防范和化解系统性、区域性金融风险，防范和抵御外部金融风险的冲击。

7. 国家合理利用和保护资源能源，有效管控战略资源能源的开发，加强战略资源能源储备，完善资源能源运输战略通道建设和安全保护措施，加强国际资源能源合作，全面提升应急保障能力，保障经济社会发展所需的资源能源持续、可靠和有效供给。

8. 国家健全粮食安全保障体系，保护和提高粮食综合生产能力，完善粮食储备制度、流通体系和市场调控机制，健全粮食安全预警制度，保障粮食供给和质量安全。

9. 国家坚持社会主义先进文化前进方向，继承和弘扬中华民族优秀传统文化，培育和践行社会主义核心价值观，防范和抵制不良文化的影响，掌握意识形态领域主导权，增强文化整体实力和竞争力。

10. 国家加强自主创新能力建设，加快发展自主可控的战略高新技术和重要领域核心关键技术，加强知识产权的运用、保护和科技保密能力建设，保障重大技术和工程的安全。

11. 国家建设网络与信息安全保障体系，提升网络与信息安全保护能力，加强网络和信息技术的创新研究和开发应用，实现网络和信息核心技术、关键基础设施和重要领域信息系统及数据的安全可控；加强网络管理，防范、制止和依法惩治网络攻击、网络入侵、网络窃密、散布违法有害信息等网络违法犯罪行为，维护国家网络空间主权、安全和发展利益。

12. 国家坚持和完善民族区域自治制度，巩固和发展平等

图 1-2　坚持总体国家安全观

团结互助和谐的社会主义民族关系。坚持各民族一律平等，加强民族交往、交流、交融，防范、制止和依法惩治民族分裂活动，维护国家统一、民族团结和社会和谐，实现各民族共同团结奋斗、共同繁荣发展。

13. 国家依法保护公民宗教信仰自由和正常宗教活动，坚持宗教独立自主自办的原则，防范、制止和依法惩治利用宗教名义进行危害国家安全的违法犯罪活动，反对境外势力干涉境内宗教事务，维护正常宗教活动秩序。国家依法取缔邪教组织，防范、制止和依法惩治邪教违法犯罪活动。

14. 国家反对一切形式的恐怖主义和极端主义，加强防范和处置恐怖主义的能力建设，依法开展情报、调查、防范、处置以及资金监管等工作，依法取缔恐怖活动组织和严厉惩治暴力恐怖活动。

15. 国家健全有效预防和化解社会矛盾的体制机制，健全公共安全体系，积极预防、减少和化解社会矛盾，妥善处置公共卫生、社会安全等影响国家

安全和社会稳定的突发事件，促进社会和谐，维护公共安全和社会安定。

16. 国家完善生态环境保护制度体系，加大生态建设和环境保护力度，划定生态保护红线，强化生态风险的预警和防控，妥善处置突发环境事件，保障人民赖以生存发展的大气、水、土壤等自然环境和条件不受威胁和破坏，促进人与自然和谐发展。

17. 国家坚持和平利用核能和核技术，加强国际合作，防止核扩散，完善防扩散机制，加强对核设施、核材料、核活动和核废料处置的安全管理、监管和保护，加强核事故应急体系和应急能力建设，防止、控制和消除核事故对公民生命健康和生态环境的危害，不断增强有效应对和防范核威胁、核攻击的能力。

18. 国家坚持和平探索和利用外层空间、国际海底区域和极地，增强安全进出、科学考察、开发利用的能力，加强国际合作，维护我国在外层空间、国际海底区域和极地的活动、资产和其他利益的安全。

19. 国家依法采取必要措施，保护海外中国公民、组织和机构的安全和正当权益，保护国家的海外利益不受威胁和侵害。

20. 国家根据经济社会发展和国家发展利益的需要，不断完善维护国家安全的任务。

 拓 展 阅 读

以下行为都可能危害国家安全，记得一定要告诉亲朋好友哦！

1. 东西不能随便卖

小曹是一家小网站的经营者，他在互联网上开设网店，公然出售卫星数据接收卡、无线摄像笔等数十种专用间谍器材，又沿街兜售实时视频无线监控器、GPS跟踪定位器、钥匙扣密拍器等专用间谍器材，被我国家安全机关缉捕归案，以"涉嫌非法销售专用间谍器材罪"提起公诉。

法律链接：根据《中华人民共和国反间谍法》第二十五条：任何个人和组织都不得非法持有、使用间谍活动特殊需要的专用间谍器材。专用间谍器材由国务院国家安全主管部门依照国家有关规定确认。

2. 照片不能任性拍

美女小桃是一名光荣的"军嫂"，温婉可人的她与丈夫有一个可爱的儿

子。军人嘛，回家少是再正常不过的了。因此，小桃就常带着儿子去军营里享受一家团圆的欢聚时刻。为了留住这幸福的瞬间，小桃就顺手给儿子和丈夫拍了照片和视频。丈夫发现这一情况后，警告她这种行为极容易泄露军事秘密，要求她立即将这些内容删除，并将手机送到密室进行了脱密处理。

法律链接：军装照上网暴露了军人身份，不怀好意的人就会通过这个人的常用网络软件，轻松追踪到更多信息，对军事安全构成威胁。违反国家秘密和军队保密规定，后果很严重。我国《刑法》第四百三十二条中规定："违反保守国家秘密法规，故意或者过失泄露军事秘密，情节严重的，处五年以下有期徒刑或者拘役；情节特别严重的，处五年以上十年以下有期徒刑。"

3. 工作不能盲目找

参加工作近十年的小吴有了离职的想法，他在某招聘网站上投放了简历，并留下了联系方式，工作履历一栏中表明有某国防军工单位的工作经历。不久，小吴收到了猎头公司发来的电子邮件，要求吴某提供工作证明以便求职，吴某将自己与单位签订的劳动合同以及印有自己照片所在部门姓名的工作证件扫描后发送至对方邮箱。很快对方通知吴某被聘用，工作内容就是提供该国防军工单位尚未公开的内部信息，年薪高达 50 万至 120 万。

法律链接：根据《中华人民共和国保守国家秘密法》第三十六条：涉密人员上岗应当经过保密教育培训，掌握保密知识技能，签订保密承诺书，严格遵守保密规章制度，不得以任何方式泄露国家秘密。

4. 行李箱不能胡乱装

去年暑假，大学生小韩从境外旅游回来，给亲友带了一箱水果。入境时，工作人员从水果里检出了"水果头号杀手"地中海实蝇。这是一种世界公认的对水果产业具有毁灭性威胁的有害生物。如果我们无意间将这样的水果带回国内，可能会对国家生态安全造成威胁。

法律链接：根据《中华人民共和国禁止携带、邮寄进境的动植物及其产品名录》，植物及植物产品类，具体包括新鲜水果、蔬菜等都禁止携带入境。

5. 信息不能非法传

小齐与境外势力相互沟通、配合，出版和传播大量的政治性非法出版物，颠覆中国的主流意识形态和国家根本政治制度，利用现代文化传媒进行广泛传播，抢占舆论高地，并利用电子邮件、电子论坛、网络聊天室等一切网络传播途径，宣传西方生活，美化西方社会，传播西方制度，抨击我国经济社会政策，歪曲和攻击我国人权状况，诋毁我国形象。

法律链接：根据《国家安全法》第十五条：国家防范、制止和依法惩治境外势力的渗透、破坏、颠覆、分裂活动。

日常生活中，我们绝不能以一己私利危害国家安全，同时还要为国家安全工作提供必要的配合。维护国家安全，除了那些"不能做的"，我们还应"这样做"。

（1）机关单位的电脑内外网不混用；不在内网专用电脑上使用无线网卡、无线鼠标、无线键盘等无线设备以及外单位的存储介质；及时更新杀毒软件，加强对病毒的防范，不把一些涉密信息随意发到互联网上。

（2）在微信朋友圈晒照片，要注意照片中的背景，不能在军事基地、军用港口等地未经允许拍摄。表达爱国行为，脑子要多一根弦，不能被不怀好意的人挑唆，在社交平台发布不该发的言论和照片。

维护国家安全，人人都是主角！

图1-3 晒照片要注意

第二节　提高国家安全意识

案 例 导 读

　　小张是郑州市某大学大一学生，课余时间喜欢收集军事、政治方面的新闻，并关注浏览网上信息。2018年11月的一天，小张登陆QQ上网时发现，他所在的"军事爱好者"群有陌生人员主动与其联系攀谈，添加好友后，对方向他询问了学习专业、兴趣爱好、家庭关系、社会交往等信息。更让他意外的是，对方称自己是"某研究中心研究员"，希望能够获得小张的帮助，完成一些领域的研究。

　　出于好奇和兼职考虑，小张询问了对方的工作信息以及需要哪些方面的资料。对方回复称，"我受雇于境外民间企业公司，对中国发展有着极大的研究兴趣，目前主要负责社会文化、政治、军事方面的研究……"这让小张很兴奋，毕竟这是一份很有"面子"的兼职，不仅能挣外快补贴学业，还能得到锻炼。

　　不过，让小张有点疑惑的是，对方需要他搜集的资料都是关于国家各个方面的大政方针，还有一些军事资料。小张看过《大河报》关于郑州军工领域一个专家被间谍策反偷情报的报道，再加上日常喜欢关注军事时政信息，就感觉对方要的东西"不太正常"。于是小张开始发信息试探对方的意图。在来往数封邮件后，小张总结发现对方的最终目的：给高薪当回报，根据指令搜集我国部队、军事等相关领域信息。小张怀疑对方不是什么研究员，可能是境外间谍情报机关人员。随后，他第一时间拨打国家安全机关受理公民和组织举报电话12339，主动寻求与国家安全机关联系对接，并到国家安全机关反映自己掌握的情况。

　　由于小张的及时举报，国家安全机关第一时间消除了相关间谍窃密的敌情隐患，维护了国家安全。河南省国家安全厅也对小张不为金钱蒙蔽利诱、主动协助国家安全机关工作的行为表示称赞，并决定按照相关规定对其给予奖励。

国家利益高于一切，维护国家安全，人人有责。树立国家安全意识，自觉关心、维护国家安全，是我国宪法规定的公民的基本义务。

一、提高技工院校学生国家安全意识的必要性

国际国内安全局势飞速发展，西方的文化和价值观大举进入，渐渐淡化我国青少年的国家意识，消解他们的民族身份，削弱其对国家的认同，最终带来对民族、对国家的"离心力"。生长在和平环境中的青少年，对危机、忧患、风险等均无一定程度的认知，不懂得居安思危，不自觉地放松了警惕。相反，由于他们涉世未深，缺乏明辨是非的能力，不同程度地受到了社会上不良风气、价值观的影响，在思考、处理问题时变得很"实用"，习惯于用利益标准来衡量。因此，道德标准逐渐缺失，社会责任感趋于淡薄，对民族和国家没有情感，在重大利益诱惑面前警惕心和防范意识差，经不起考验，丢弃国格、人格。

许多学生缺乏国家安全知识，不知道在维护国家安全问题上需要自己做什么、可以做什么、应该做什么，不能自觉地把维护国家安全与自身的责任联系起来，或多或少地、有意无意地认为"国家安全与己无关"。由于缺乏对国家安全的认识，忽视了对自身行为的规范，是一种潜在的危险，很容易在不知不觉中做出不利于国家安全的违法行为，或者因自己的不作为、责任观念淡漠而纵容或包庇了违法犯罪行为，甚至自己可能做出危害国家安全的犯罪行为。因此，加强和普及国家安全教育已经刻不容缓。

1. 对技工院校学生进行国家安全教育，有助于让他们深刻全面理解我国的国家安全政策，及时有效地培养他们的公民意识、责任意识、国家安全意识和安全防范行为，激发其爱国情感，让学生们能够自觉承担起维护祖国安全、利益和荣誉的义务。

2. 对技工院校学生进行国家安全教育，有利于他们凝聚民族精神，增强民族自尊心和自豪感。民族精神能够为国家和人民提供精神动力，尤其是危机发生时或国家处于不安全状态下，它所具有的渗透力、号召力、战斗力能够充分发挥旗帜作用和巨大的精神力量，形成举国之力抗击威胁、灾难和困难。

3. 对技工院校学生进行国家安全教育，能够帮助学生发展适应力、竞争力与创造力，帮助形成向心力，使青少年能够明辨是非，善于思考和分析，

更加从容地应对不安全因素，对极端主义、宗教狂热和恐怖主义的叫嚣具有良好的免疫力，大大提高他们应对国家安全各种威胁的承受力。

二、维护国家安全是公民的神圣义务

《中华人民共和国国家安全法》规定，每年的4月15日为全民国家安全教育日，将国家安全教育纳入国民教育体系和公务员教育培训体系，增强全民国家安全意识。

(一) 公民和组织应当履行下列维护国家安全的义务

1. 遵守宪法、法律法规关于国家安全的有关规定。

2. 及时报告危害国家安全活动的线索。

3. 如实提供所知悉的涉及危害国家安全活动的证据。

4. 为国家安全工作提供便利条件或者其他协助。

5. 向国家安全机关、公安机关和有关军事机关提供必要的支持和协助。

6. 保守所知悉的国家秘密。

7. 法律、行政法规规定的其他义务。

8. 任何个人和组织不得向危害国家安全的个人或者组织提供任何资助或者协助。

图 1-4　新国家安全法

(二) 组织的其他义务

1. 机关、人民团体、企业事业组织和其他社会组织应当对本单位的人员进行维护国家安全的教育，动员、组织本单位的人员防范、制止危害国家安全的行为。

2. 企业事业组织根据国家安全工作的要求，应当配合有关部门采取相关安全措施。

(三) 公民和组织维护国家安全的权利

1. 公民和组织支持、协助国家安全工作的行为受法律保护。因支持、协助国家安全工作，本人或者其近亲属的人身安全面临危险的，可以向公安机关、国家安全机关请求予以保护。公安机关、国家安全机关应当会同有关部门依法采取保护措施。

2. 公民和组织因支持、协助国家安全工作导致财产损失的，按照国家有关规定给予补偿；造成人身伤害或者死亡的，按照国家有关规定给予抚恤优待。

3. 公民和组织对国家安全工作有向国家机关提出批评建议的权利，对国家机关及其工作人员在国家安全工作中的违法失职行为有提出申诉、控告和检举的权利。

三、危害国家安全罪

危害国家安全罪是指危害国家主权、领土完整和安全，分裂国家、颠覆人民民主专政的政权和推翻社会主义制度的行为。包括背叛国家罪，分裂国家罪，煽动分裂国家罪，武装叛乱，暴乱罪，颠覆国家政权罪，煽动颠覆国家政权罪，资助危害国家安全犯罪活动罪，投敌叛变罪，叛逃罪，间谍罪，为境外窃取、刺探、收买、非法提供国家秘密、情报罪，资敌罪等 12 个罪名。

（一）犯罪客体

本类犯罪侵犯的客体是中华人民共和国的国家安全。我国宪法第一条规定："中华人民共和国是工人阶级领导的，以工农联盟为基础的人民民主专政的社会主义国家"，"社会主义制度是中华人民共和国的根本制度"。国家主权、领土完整及其安全，是国家生存和发展最重要的基础和最根本的保证，是国家的最大利益，是党领导人民进行长期奋斗所赢得的胜利果实，集中体现着各族人民的根本利益，关系到国家兴衰存亡的命运。因此，危害国家安全的犯罪，是一切犯罪中最严重的犯罪。

（二）犯罪的客观方面

本类犯罪在客观方面表现为实施了危害中华人民共和国国家安全的行为。"危害国家安全的行为"，是指境外机构、组织、个人实施或指使、资助他人实施的，或者境内组织、机构、个人或与境外机构、组织、个人相勾结实施的危害中华人民共和国国家安全的行为。危害国家安全行为的表现是多种多样的，本类罪无论在客观上采取的是公开的还是秘密的，是"合法"的还是非法的方式，均不影响本类罪的成立。本类罪在客观上并不要求有实际的物质性的危害结果的产生，即只要实施了刑法所规定的各种危害国家主权、破坏国家的领土完整和安全、分裂国家、颠覆国家政权，或者侵害国家的其他基本利益，危害中华人民共和国国家安全的行为，就构成犯罪。

（三）犯罪主体

本类犯罪主体是自然人犯罪主体，且多为一般犯罪主体。对于大多数危害国家安全的犯罪来说，不论是中国公民、外国公民或无国籍人，只要具有刑事责任能力且年满 16 周岁，都可以成为犯罪主体。但某些危害国家安全的犯罪，其主体范围有着严格的限制。如背叛国家罪、资敌罪的主体只限于中国公民；叛逃罪的主体只限于中国公民中的国家机关工作人员或者掌握国家秘密的国家工作人员。

（四）犯罪的主观方面

本类犯罪在主观方面只能由故意构成，具有危害中华人民共和国国家安全的故意，即行为人必须具有明知自己的行为会发生危害国家安全的结果，并且希望或者放任这种结果发生的心理态度。对于本类罪名中的大多数犯罪，如背叛国家罪、分裂国家罪、颠覆国家政权罪等，只能由直接故意构成；而对于煽动分裂国家罪、煽动颠覆国家政权罪等，直接故意与间接故意都可以构成该罪。例如，行为人明知自己所经营的出版物中含有煽动分裂国家、破坏国家统一或者煽动颠覆国家政权、推翻社会主义制度的有害信息，但却仍然将该非法出版物售出，以致该出版物流入社会的，对于出售该非法出版物的人应当认定为构成煽动分裂国家罪或者煽动颠覆国家政权罪。

案例： 李某，男，汉族，1973 年 10 月生，初中文化，四川达州市人。2000 年，李某来到广东沿海某市打工，先后做过保安、仓库管理员、公司业务主管，后来与妻子在该市经营了一家小吃店。2011 年 5 月的一天晚上，李某正在加班，突然，电脑 QQ 上弹出一个陌生的 QQ 号请求加为好友。在金钱的诱惑下，李某便开始与这位所谓好友——"飞哥"在网上干起了出卖国家秘密的勾当。"飞哥"一开始只布置一些简单的任务，成功后便具体深入，安排李某完成一些更有针对性和机密性的任务，传授其通讯联络基本技能，并用积极兑现酬金的形式吸引和黏住李某。李某窃取的情报基本都是通过互联网传递。

经查，从 2011 年开始至 2013 年 1 月，李某先后为"飞哥"及其同事订阅了 39 种 115 本内部期刊，报送了 2000 多张军事照片和大量军事信息，经专业部门鉴定，这些军事照片和信息含多份机密级、秘密级军事秘密。而李某每月从"飞哥"和"飞哥"同事那里领取六七千元工资，还有500~2400元不等的奖励。日前，李某被该市中级人民法院判处有期徒刑10年。

事实上，李某后期多次曾对"飞哥"的身份产生过怀疑，但在利益驱使下越陷越深。间谍"飞哥"以网络交友为名，用金钱利诱李某"上钩"，正是抓住其社会阅历浅、防范意识弱的"软肋"。

 **体 验 活 动**

小组讨论：什么是情报？什么是间谍？怎样识别伪装，维护国家安全？

四、提高国家安全意识

有国家就有国家安全工作，古今中外，概莫例外。无论处于什么社会形态，或者实行怎样的社会制度，都会视国家利益为最高、最根本的利益，将维护国家安全列为首要任务，所以，每位学生都应当成为国家安全和利益的自觉维护者。

1. 要始终树立国家利益高于一切的观念，建立国家安全意识。

2. 要自觉学习有关国家安全的法律法规。

3. 要善于识别各种伪装。比如，有的谍报人员常以你能接受的面孔出现，采取交朋友、做学术研究、出国经济担保、旅游观光、新闻采访等五花八门的手段，套取国家秘密、科技政治情报和内部情况，如果丧失警惕，就可能上当受骗，甚至违法犯罪。因此，在对外交往中，既要热情友好，又要内外有别、不卑不亢；既要珍惜个人友谊，又要牢记国家利益；既要争取各种帮助、资助，又要不失国格、人格。识别伪装既难又易，关键在于淡泊名利。对发现的别有用心者，要依法及时举报并进行斗争，绝不允许其恣意妄为。

4. 要克服妄自菲薄、崇洋媚外等不正确思想，作为中国人，要挺直腰板，自立自强，绝不丧失骨气、悲观失望。

5. 收到各种反动宣传品后不要传看，要及时交到学校保卫部门。

拓 展 阅 读

间谍行为

根据《中华人民共和国反间谍法》第三十八条的规定，间谍行为是指下列行为：间谍组织及其代理人实施或者指使、资助他人实施，或者境内外机构、组织、个人与其勾结实施的危害中华人民共和国国家安全的活动；参加间谍组织或者接受间谍组织及其代理人的任务的；间谍组织及其代理人以外的其他境外机构、组织、个人实施或者指使、资助他人实施，或者境内机构、组织、个人与其相勾结实施的窃取、刺探、收买或者非法提供国家秘密或者情报，或者策动、引诱、收买国家工作人员叛变的活动；为敌人指示攻击目标的；进行其他间谍活动的。

(一) 境外间谍惯用套路

1. 拍摄照片。如果有人以杂志、报纸约稿等名义，找你拍摄敏感照片并许诺重金，那就要小心了，你可能已经进入间谍策反的名单。

2. 请教问题。一些在国防、部队等机构工作的人员，更容易成为间谍瞄准的对象，间谍分子通常打着请教问题的名义套取军事情报。

图 1-5　反间谍法

3. 网络兼职。在很多网上兼职背后，也藏着间谍的身影，尤其是一些在校学生在网上求职或网聊过程中，容易被境外间谍盯上。

4. 打情感牌。除了经济利益的套路，不少人则是被情感牌拉下水，出于友谊或者感恩，死心塌地为境外间谍刺探军事情报。

(二) 举报方法

公民若发现或知悉间谍行为线索，目前可通过三种形式举报：一是拨打国家安全机关"12339"举报电话进行举报；二是通过信件向国家安全机关举报，邮寄地址为北京市东城区前门东大街9号，邮编是100740；三是直接到国家安全机关举报，在北京市东城区前门东大街9号有专人接待。

图 1-6 反间谍日常知识

第三节　维护国家安全

案例导读

　　裴某某，男，原系我军某部上尉军官。2007年9月，裴某某违规在连接互联网的电脑上处理涉密文件，并连接涉密存储介质，因不慎点击境外间谍组织发送的特种木马邮件，导致计算机被对方控制，1800余份文件资料被窃取，其中包括绝密级1份、机密级8份、秘密级15份。裴某某被军事法庭以泄密罪判处有期徒刑5年。

　　据不完全统计，近年来，全国共有8000余台（个）计算机及电子邮箱被境外间谍组织远程控制，先后有200余万份文件资料被盗，其中明确标注绝密级、机密级的高达6000余份，给国家安全和利益带来不可估量的巨大危害和损失。

　　警示：在信息化、大数据时代，网络情报战愈演愈烈，网络窃密更是防不胜防。该案为每一位有机会知密、涉密的公民敲响了警钟——不慎泄密也是犯罪！

一、保守国家秘密

　　国家秘密是指关系国家的安全和利益，依照法定程序确定，在一定时间内只限一定范围的人员知悉的事项。国家秘密一旦泄露给不应该知道的人，政治上不利于我国的稳定，军事上可能危害我国的国防，经济上会给我国带来损失，科技上则有可能使我国的研究成果被剽窃。

　　《中华人民共和国保守国家秘密法》于2010年4月29日第十一届全国人民代表大会常务委员会第十四次会议修订通过，自2010年10月1日起施行。国家秘密受法律保护。一切国家机关、武装力量、政党、社会团体、企业事业单位和公民都有保守国家秘密的义务。任何危害国家秘密安全的行为，都必须受到法律追究。

（一）国家秘密的范围

　　下列涉及国家安全和利益的事项，泄露后可能损害国家在政治、经济、国防、外交等领域的安全和利益。以下内容确定为国家秘密：

1. 国家事务重大决策中的秘密事项；

2. 国防建设和武装力量活动中的秘密事项；

3. 外交和外事活动中的秘密事项以及对外承担保密义务的秘密事项；

4. 国民经济和社会发展中的秘密事项；

5. 科学技术中的秘密事项；

6. 维护国家安全活动和追查刑事犯罪中的秘密事项；

7. 经国家保密行政管理部门确定的其他秘密事项。

政党的秘密事项中符合前款规定的，属于国家秘密。

（二）国家秘密的密级

国家秘密的密级从高到低分为绝密、机密、秘密三级。国家秘密及其密级的具体范围，由国家保密行政管理部门分别会同外交、公安、国家安全和其他中央有关机关规定。军事方面的国家秘密及其密级的具体范围，由中央军事委员会规定。

1. 绝密级

泄露会使国家安全和利益遭受特别严重的损害，此秘密是最重要的国家秘密，比如在军事工业中核武器的研制等。

2. 机密级

泄露会使国家安全和利益遭受严重损害的国家秘密，是重要的国家秘密，比如我国研制的具有国际先进水平、经济价值较高的药品的成分、工艺、技术诀窍等。

图 1-7 国家秘密

3. 秘密级

国家秘密是一般的国家秘密，泄露会使国家安全和利益遭受损害，比如我国传统工艺品的生产流程、制作方法。

机关、单位对承载国家秘密的纸介质、光介质、电磁介质等载体（以下简称国家秘密载体）以及属于国家秘密的设备、产品，应当做出国家秘密标志。根据《国家秘密文件、资料和其他物品标志的规定》，无论何种载体，都会在显著位置标明密级、保密期限、发放单位、制作数量等。

（三）国家秘密的保密期限

国家秘密的保密期限，应当根据事项的性质和特点，按照维护国家安全和利益的需要，限定在必要的期限内；不能确定期限的，应当确定解密的条件。

国家秘密的保密期限，除另有规定外，绝密级不超过三十年，机密级不超过二十年，秘密级不超过十年。

机关、单位应当根据工作需要，确定具体的保密期限、解密时间或者解密条件。

机关、单位对在决定和处理有关事项工作过程中确定需要保密的事项，根据工作需要决定公开的，正式公布时即视为解密。

案例：《关于进一步加强国家统一考试保密管理工作的通知》规定："由国家主管部门组织的国家教育、执（职）业资格、国家公务员录用和专业技术人员资格等国家统一考试的试题、答案和评分标准，在启用前均属于国家秘密。"

2008年，某市中学教师南某以帮助亲戚家孩子通过考试为由找到商贸服务学院教师邵某，利用邵某承担全国职业医生考试考场监考任务的便利，在开考前将邵某管理的考试试卷二、三、四（在启用前均为机密级国家秘密事项）秘密拍摄并带出考场，找到枪手作答后，交于参加考试的11人，获取非法利益。考试结束后，南某给予邵某2000元作为报酬。2013年，司法机关以故意泄露国家秘密罪判处南某有期徒刑2年；以故意泄露国家秘密罪判处邵某拘役6个月，缓刑6个月。

（四）技工院校学生如何预防泄密

1. 正确认识保密与窃密斗争的尖锐性，增强保密意识

破除"现在一切都开放了，国家已无秘密可保了""我们学生知道的事情少，没什么可保密"等错误想法。现在国家大力推进改革开放政策，我国与其他各国大力开展友好交流，互通信息，努力构建人类命运共同体，而且随着互联网将世界变成地球村，再加上一些国家的高科技发达，天上的侦察卫星可以把地面上的报纸的标题都拍得一清二楚，看似我们已经没有什么秘密可以保护了，实际上，我们仍然有大量的机密是可以保住的。从国家的计划、方针到国家的防卫安排，从科技项目的研究到各项技术的运用，甚至同

国外贸易谈判中的意图等，都不可以随便泄露。因此，我们必须懂得：改革开放，不等于放弃保密，为了国家的安全和利益，我们更应该提高警惕，做好保密工作。

2. 接受保密教育，学习保密常识，熟悉保密制度

3. 在日常生活中，技工院校学生要自觉保护国家机密，同形形色色的泄密行为作斗争

如果我们无意中接触到有关国家机密内容的文件、资料，要自觉地不打听、不探问，更不在外乱传播。假如我们身处军用机场、军港、军营、重点厂矿企业等国家重要场所，不随意乱走动，不安置窃听装置，更不随意拍照、摄像，也不向外人随意介绍所见所闻。

4. 谨慎新闻出版，注意保密原则

在参加国际学术会议或在国外刊物发表文章时，要严格按照有关规定办理相应的审查手续。协助新闻出版工作的学生不得随意刊载有关国防、科研等事关国家机密的内容。

5. 谨慎对待境外人员，增强防范意识

技工院校学生在对外交往中要坚持内外有别的原则，增强防范意识。不介绍国家机密事项，不评论国家秘密活动。

 拓 展 阅 读

（一）什么是泄露国家秘密

1. 属于国家秘密的文件资料或者其他物品下落不明，自发现之日起，绝密级 10 日内，机密级、秘密级 60 日内查无下落。涉密载体下落不明，机关单位应当采取一切合理、可行措施进行查找，在规定时限内仍无法寻获或确定所在的，按照泄密案件立案查处。

2. 未采取符合国家保密规定或者标准的保密措施，在互联网及其他公共信息网络、有线和无线通信中传递国家秘密。认定此种情形的关键事实是在非密网络或通信中传递涉密信息，比较常见的类型包括通过互联网电子邮箱发送涉密信息（邮件），通过微信、QQ、钉钉等移动互联网平台发送、转发、群发涉密信息等。

3. 使用连接互联网或者其他公共信息网络的计算机、移动存储介质等信

息设备存储、处理国家秘密，且该信息设备被远程控制。

（二）如何预防网络泄密

1. 在上网时，不要轻易点击来历不明的网址链接或来历不明的文件，往往这些链接或文件会携带有攻击性质的黑客软件，造成强行关闭当前页面、系统崩溃或被植入木马程序。

2. 在聊天室或上网交友时，尽量使用虚拟的 E-mail，尽量避免使用真实的姓名，不轻易告诉对方自己的电话号码、住址等有关个人真实的信息。

3. 手机不要随意连接公共 WIFI。出门的时候，最好把手机上的自动搜索给关闭，然后开通数据，等知道能连上安全的 WIFI 时再自动搜索 WIFI 并打开。使用完公共 WIFI 后要清理手机的上网痕迹。

二、崇尚科学，抵制邪教

案例：2014 年 5 月 28 日，山东招远一麦当劳餐厅，邪教"全能神"又犯下了一桩血淋淋的血案。该案 6 名犯罪嫌疑人有 3 名为青少年。18 岁的主犯张航，使用"拖把""椅子"等殴打被害人，并对前来制止的顾客进行恐吓。可以看出，当时这个小姑娘是如何地漠视生命、嚣张跋扈！而参与这次故意杀人案的还有年仅 13 岁的少年张舵，他们成为全能神"当砍之杀之"的忠诚履行者。在绚烂奔放的季节里，张航等人却在邪教"全能神"的蛊惑下，步入歧途，他们的心完全向神了，什么家庭、世界、前途都抛到了九霄云外，把一生的精力都献给了邪教"全能神"。这些心智尚未完全成熟的青少年，被邪教"全能神"的歪理邪说灌输控制，抛弃家庭，视恶为善，视"常人"为"邪灵"，最终参与了杀人的恶性事件。

邪教是指冒用宗教、气功或者其他名义建立，神化首要分子，利用制造、散布歪理邪说等手段蛊惑、蒙骗他人，发展、控制成员，危害社会的非法组织。邪教大多是以传播宗教教义、拯救人类为幌子，散布谣言，且通常有一个自称"开悟"的具有超自然力量的教主，以秘密结社的组织形式控制群众，一般以不择手段地敛取钱财为主要目的。

（一）邪教的本质和特征

1. 邪教的本质

（1）反人类。反人类是邪教本质的首要表现，集中体现在编造和散布

"人类罪恶论"，妄言人类自身具有不可饶恕的罪恶，人们必将经过"大灾大难"，甚至"地球爆炸""人类毁灭"，煽动只有加入邪教才能得到拯救。

（2）反科学。现代科学以唯物主义认识论为基础，不承认任何超自然的神秘力量。邪教反科学的本质，突出表现在他们宣扬的神秘主义和"教主"的所谓"神通""法术"上。日本邪教组织"奥姆真理教""教主"麻原彰晃称他有"预言能力""透视能力""透听能力"等。

图1-8 邪教组织

（3）反社会。反社会的突出表现为逃避现实社会、对抗现实社会、破坏现实社会。邪教组织都把其小团体打造成一个封闭的社会，不准其成员与正常社会交往，将他们与正常社会隔绝起来。一旦邪教组织的"诉求"得不到满足，就会采取各种极端手段对抗社会，破坏社会秩序和安宁，与现实社会严重对立。

（4）反政府。邪教的反政府本质在不同的时期、不同的国家、不同的地域，表现也不尽一致，突出表现在竭力散布"政府无用论"和"法律无用论"，宣扬政府面对自然灾害时无能为力，鼓动人们只能依附邪教"教主"才能得救。

2. 邪教的特征

（1）推行狂热的"教主"崇拜。"教主"崇拜，极力神化自己，号称拥有超自然的神力和权力，诱骗邪教成员只能唯"教主"之命是从，为"教主"而生，为"教主"而死。

（2）实施严酷的精神控制。邪教以各种歪理邪说、谎言骗局、心理暗示等手法，并用惩罚、威胁等恐吓手段，对其成员实行"洗脑术"，进行严酷的精神控制。

（3）编造和传播歪理邪说。利用各种恐吓手段制造恐慌心理和恐怖气氛，使其成员狂热地、盲目地追随邪教"教主"。

（4）疯狂地敛取钱财。邪教头目往往拥有强大的经济实力，邪教敛财的手段也是多种多样的。有的邪教要求入会者交纳年收入的3%作为"会费"，

有的通过举办培训班收取费用，有的出版会刊、教刊等。

（5）有严密的组织机构。邪教一般都以"教主"为核心建立严密的组织体系，采用十分隐蔽的联系方式，通过"秘密聚会""传教""练功"，甚至采用暴力手段等方式发展邪教成员。

（6）对社会和谐稳定造成严重危害。突出表现在用极端的手段与现实社会对抗，不仅威胁个体生命和群体利益，还危害公共利益和社会稳定。

 知 识 链 接

邪教与宗教的区别

1. 宗教崇拜超自然的神，与社会保持着和谐关系且教义与现实世界是融合的。戒律大多与法律相符合。对已证实的科学事实接纳并认同，并尽力用之为自己的教义和教徒服务。我国宪法和法律保护公民的宗教信仰自由权利。任何国家机关、社会团体和个人不得强制公民信仰宗教或者不信仰宗教，不得歧视信仰宗教的公民和不信仰宗教的公民。国家保护正常的宗教活动。

2. 邪教大多以拯救人类为幌子，以不择手段地敛取钱财为主要目的，大肆渲染即将来临的"末世论"，散布迷信邪说，排斥现实世界，控制群众，扰乱社会秩序。教义跟现实的法律是相对的，且打着科学的旗号反科学或攻击科学，如很多邪教宣称信教可以包治百病。

（二）邪教的危害

邪教与恐怖主义、毒品并称为人类社会的三大毒瘤。

1. 破坏亲情，分裂家庭

邪教组织煽动成员抛弃家人，出去传播邪教，主张"越传越多，日后就越能进入天国"。因此，许多家庭成员离开家园，给他们的家庭造成巨大痛苦，甚至导致家庭破裂和家庭毁灭。

2. 骗取钱财，榨取利益

一些邪教散布说："现在灾难就要来临了，钱和食物在家里是不安全的，只有在天堂才是安全的。"一些人甚至建立了所谓的"天国银行"。

3. 破坏生产，扰乱社会

邪教的邪恶理论欺骗和误导邪教成员，要求他们整天在家祈祷，不劳

动、不生产，依靠出售自己的家庭财产供吃喝，坐等"世界末日"，严重破坏了生产生活秩序。

4. 残害生命，侵犯人权

邪教欺骗人们入教的一个重要途径，就是宣称"宗教可以治病"，以及"信神可以救祸，祈祷可以治病"的无稽之谈。生病的会员不允许去医院看医生，拖延治疗并导致死亡，或被使用巫术的邪教杀害和致残。以"神"的名义奸淫玩弄女性，严重摧残妇女的身心健康。

（三）校园中存在的邪教危害

1. 邪教组织向校园渗透

据统计，目前全球最引人注目的邪教组织有"人民圣殿教""天堂之门""大卫教派""太阳圣殿教""奥姆真理教""法轮功"等。"法轮功"等邪教组织通过书籍、传单、光盘、录音电话、书写张贴反动标语、发送电子邮件等多种方式向校园内进行渗透，个别教师和学生由于对邪教缺乏正确的认识，而被拉拢成为邪教组织的成员。

据不完全统计，全国因修炼"法轮功"致死 1400 余人，导致精神障碍 100 余例。从 1996 年 8 月李洪志指挥组织"法轮功"练习者围攻光明日报社以来，聚集 300 人以上的非法示威事件就达 78 起。

由于邪教的巨大社会危害性，邪教组织在世界各国均遭到不同程度的打击。我国政府也先后出台了多项政策和措施，取缔了包括"法轮功"在内的邪教组织。作为当代学生，要树立正确的世界观、人生观和价值观，正确认识宗教与邪教的本质区别，自觉提高识别、抵御和防范邪教的能力，切实做到崇尚科学、拒绝邪教。当接触到邪教宣传品或邪教组织成员后，要及时向公安、保卫部门报告。

2. 西方宗教向校园势力渗透

"冷战"结束以来，西方敌对势力不断利用宗教对中国进行意识形态的渗透，其中基督教宣扬的"普世价值"正在不断侵蚀学生的主流意识形态。由于互联网的高速发展，微博、微信等新媒体成为西方敌对势力进行宗教传播的强大平台，传播范围更广、涉及人群更多。新中国成立之初，全国的基督教徒仅 40 万，如今已达上亿。据统计，学生中信教的人数呈上升趋势。

学生正处在世界观、价值观逐渐定型的关键时期，若长期受西方宗教文化的影响，学生头脑中原有的马克思主义的世界观就会发生动摇，会阻碍学生的健康成长。

3. 主流意识形态受到西方文化的侵蚀

目前大多数学生对社会主义核心价值体系持认可态度，但是自改革开放以来长期受以美国为首的西方发达国家对中国意识形态的渗透，部分学生对马克思主义以及社会主义迷茫、模糊甚至失落，产生政治信仰危机，认为它们是空洞的说教，无法体现个人价值，不能给自身带来实际的利益，甚至认为美国鼓吹的自由、平等、法制的资本主义制度优于社会主义制度。在以爱国主义为核心的民族精神问题上，甚至部分学生认为经济上好就行，无关乎国家的存亡，在社会主义荣辱观问题上，部分学生在"荣""辱"的价值认识上出现判断性的错误。由于部分学生在社会主义核心价值体系问题上存在扭曲现象，思想上并不认可主流价值体系。

因此，技工院校学生一定要树立坚定的总体国家安全观，要有健康、开朗、向上并符合社会主义核心价值观的精神面貌，不断自我完善，努力学习科学文化技术知识，为保卫国家安全贡献自己的力量。

七嘴八舌：遇到有人宣传邪教时，我们应该怎么做？

三、技工院校学生要崇尚科学，抵制邪教

（一）崇尚科学精神，反对迷信思想

科学是人类对自然规律和社会发展规律的认识与把握，科学的力量改变了世界的面貌，是推动历史进步的杠杆和基石；迷信则是一种无知、愚昧，是对自然力量和社会力量的畏惧和屈服。

要想成为国家的有用之才，必须崇尚科学、坚信科学、学习科学，并且运用科学知识、科学方法、科学思维、科学技术去反对和揭穿一切形式的迷信和邪说。

图1-9　抵制邪教

(二) 坚持唯物主义，反对唯心主义

唯物主义认为世界本质是物质的，是不依赖人的意志而客观存在的，物质是第一位的，意识是客观存在的反映，世界是可以认识的。

唯心主义认为物质世界是意识、精神的产物，意识、精神是第一位的，客观世界是主观意识的体现和产物，而邪教组织所宣扬的正是唯心主义的神秘论，宣称拥有使一切问题迎刃而解的灵丹妙药，可以使精神战胜物质。

必须坚持科学的世界观，做一个坚定彻底的唯物主义者。只有这样，才能在错综复杂的形势下，排除任何形式的唯心主义的干扰，始终保持强大的精神力量，为社会主义事业做出应有的贡献。

(三) 保持心理健康，不自我封闭

要注重培养良好的心理品质和自尊、自爱、自律、自强的优良品格，增强克服困难、经受考验、承受挫折的能力。要保持心理健康，积极参加集体活动，多交朋友，多谈心，把自己融入集体中去。

(四) 正确看待疾病，拒绝邪教

因病而加入邪教组织，是很多人加入邪教的原因。邪教中的治病方法和生病不吃药的糊涂行为，不仅不能治好病，反而会加重病情，甚至失去生命。要正确看待疾病，不要因病急乱投医而误入邪教组织。

(五) 珍爱生命，远离邪教

人的生命只有一次，学生时光又是一生中最美好的时光，请珍爱自己的生命，相信科学，远离邪教。

拓 展 阅 读

中国反邪教协会：要高度警惕危害公众的各种邪教

2014年5月28日，在山东招远发生的6名"全能神"邪教人员残杀无辜群众事件引发了公众的普遍愤慨。邪教对社会秩序的粗暴践踏和对公民人身安全的显著危害也再度引发公众的关注和忧虑。众所周知，前些年"法轮功"邪教曾制造了包括"天安门自焚事件"在内的多起伤害案件，"全能神"邪教近年来也屡屡制造危害社会安定、伤害民众安全的恶性事件。近日，中国反邪教协会介绍了当前在国内较为活跃的多种邪教组织的情况。

1. "法轮功"。"法轮功"是二十世纪九十年代初在中国的一些地方发展起来的邪教。它的头目李洪志通过编造歪理邪说，对"法轮功"练习者实施极端的精神控制，在中国进行大量的违法犯罪活动。"法轮功"的主要危害：一是侵犯人权、残害生命。在李洪志精神控制下，1000多名"法轮功"练习者因按照李洪志关于"法轮功"练习者有病不能吃药的歪理邪说，拒医拒药而死；几百名练习者自残、自杀，30多人无辜被"法轮功"痴迷者杀害。二是危害社会、侵犯他人正常权利。如攻击民用通信卫星，破坏广播电视公共设施，进行大规模电话骚扰、恐吓活动，并通过网络发送垃圾邮件等。三是恶意攻击任何与其意见不一致的人士和团体，侵犯公民的言论自由权利。四是以邪教方式进行反华政治活动。在境外，"法轮功"投靠西方反华势力，竭力抹黑中国形象。

2. "全能神"。又称"东方闪电""实际神"，二十世纪九十年代初从邪教组织"呼喊派"分化演变而来。教主赵维山，原系"呼喊派"骨干成员，他歪解《圣经》，编造"全能神是唯一真神，以东方女性的形象再次道成肉身显现"等邪说，树立了一个"女基督"作为自己的傀儡，秘密传播、发展成员，逐步建立和形成了全能神邪教组织。2000年赵维山潜逃美国，以"宗教迫害"名义向美国移民局申请政治庇护，并获批准。近年来，"全能神"借所谓"玛雅预言"制造"世界末日"恐慌，通过敲锣打鼓、集会游行等多种方式，大肆宣扬"世界末日"，疯狂拉人入教，活动遍及全国大部分省市。近年来，国内已发生了多起"全能神"邪教杀人、伤人、骗敛钱财的案件。

3. "呼喊派"。是打着基督教旗号活动的邪教，因以聚会时让信徒大声呼喊为手段、煽动信徒狂热情绪而得名，于1979年渗入大陆后迅速蔓延，并衍生出"全能神""被立王"等邪教。

4. "门徒会"。又称"三赎基督""三赎教""旷野窄门""旷野教""二两粮教""蒙头教"或"蒙头会"，由陕西省耀县农民季三保（原名季忠杰）于1989年建立。该组织自称是基督教，将其非法活动称为"传福音"。"门徒会"把当今世界说成是一个黑白颠倒的社会，号召信徒起来夺取政权。其歪理邪说一是宣扬"祷告治病"，使成员拒医拒药而死亡；二是大搞"赶鬼治病"，以暴力侵害致人死亡；三是实施精神控制，致人精神失常，家破人亡；四是散布邪说，制造社会恐慌，破坏群众的生产生活。"门徒会"宣扬末世论、"吃生命粮"等歪理邪说，胡说"信教可以每人每天只吃二两粮，不用种庄稼"，等待"洪水灭世"，准备"升天"；五是欺骗成员，非法敛财。"门徒会"歪曲盗用《圣经》，偷梁换柱，凡《圣经》中的"耶稣"全部用"三赎"（指季三保）来代替。他们只许读"门徒会"编印的书籍资料，如《闪光的灵程》《慈祥的母爱》《圣灵与奉差》《复活之道》《会务安排》等。

5."统一教"。全称"世界基督教统一神灵协会"，由韩国人文鲜明（1920~2012）于1954年在韩国釜山创立。1999年改名为"世界和平统一家庭联合会"。2008年4月，文鲜明及其妻子韩鹤子任命其子文亨进为"世界和平统一家庭联合会"会长，成为"统一教"新的"接班人"。"统一教"在教义上严格控制信徒并以建立所谓"理想家庭"为名，随意对教内男女信徒指定婚配，以达到对教徒人身控制的目的。我国改革开放以来，"统一教"以投资赞助、旅游、参观访问等名义频繁对我国进行渗透活动，企图在我国扎根立足，扩大影响。近年来，"统一教"渗透活动愈加突出。其下属机构"国际教育基金会"曾在国内部分城市打着文化交流、教育合作等名义进行渗透活动；"世界和平统一家庭联合会"曾经秘密在北京、天津、广州、沈阳、西安等主要城市设立分支机构，开展非法传教活动。鲜文大学也试图通过与我高校合作，拉拢中国学生入教；清心国际医院谋求以与我境内医疗、旅游机构合作的方式向我国渗透。

6."观音法门"。由释清海于1988年在台湾以"中华民国禅定协会"名义注册成立。释清海，俗名张兰君，女，1950年5月出生于越南，英籍华人。释清海标榜自己是"清海无上师"，等同于释迦牟尼、耶稣基督、安拉真主等。目前，"观音法门"邪教组织境外渗透活动加剧，境内外勾联活动突出，境内邪教骨干传播邪教物品、借教敛财活动频繁。其主要活动是以"素食救地球"相标榜，在境办兴办"素食店""天衣天饰"，从事"以商养教"活动。西方国家一些媒体对"观音法门"的邪教行为也有所揭露。

7."血水圣灵"。全称为"耶稣基督血水圣灵全备福音布道团"，又称"圣灵重建教会"，总部设在台湾。其头目左坤，男，1930年10月生。其设立之初，台湾当局认定其具有邪教倾向而予以挤压。为逃避打击，左坤由台湾移民至美国。近年来，该教也积极向境内渗透、发展组织，并疯狂向国内信徒敛财，左坤本人则是"财""色"俱好的人物。

8. "全范围教会"。由徐永泽（2000年4月逃亡美国）于1984年4月建立。该组织大肆散布谣言邪说，将全范围解释为"大、广、深"，意即包括地球上的所有重生得救的人们。该组织以徐永泽所著《教会基本建造草案》为纲领，提出"实现中国文化基督化、全国福音化、教会基督化的国度，与主一同掌权"。宣扬"信主不等于拯救灵魂"，要在聚会时大声哭泣，表示"向主忏悔认罪"，"才能重生得救"，散布"世界将到尽头，灾难就要降临""信主能治病"等谣言。

9. "三班仆人派"。又称"真理教会"，由徐文库（原名徐双福，化名徐圣光、徐孟生、程谋子、王恩存、桑孟良）于1986年创立。他打着基督教"真理教会"的旗号，自称"神的仆人""基督的肉身"，到东北传教，创建组织。因在传教时经常引用《马太福音》中有关"主要按着仆人的才干，分别给他们一千、二千、五千两银子，各自去管理"的记载，解释为"神现今在教会里按着三种不同的等级，给同工不同的能力、权柄来管理教会"，而被称为"三班仆人派"。为达到发展组织、控制成员、聚敛钱财的目的，"三班仆人派"先后在全国十几个省市制造杀人案件17起，共杀害21人，伤4人，社会危害极大。

10. "灵仙真佛宗"。又称"灵仙真舍总堂"，是由美籍华人卢胜彦（台湾嘉义县人，1982年定居美国西雅图）于1979年在台湾创立的，总部设在美国西雅图雷藏寺。卢胜彦打着宗教的旗号，自称"活佛""佛主"。该组织以"法天、法地、法人"的原则，杂以明清以来民间"会道门"的"灵机神算"等术欺世惑众、蒙骗群众。"灵仙真佛宗"崇拜"十方三世一切佛、一切菩萨"。其主张通过实修、证悟，企图达到所谓"超越种种烦恼，超越自己的欲望，超越一切"的幻想。

11. "中华大陆行政执事站"。由王永民（原"呼喊派"人员）于1994年创立。他自任"独一执事"，并组成了以他为首的5人领导核心，建立了"中华大陆行政执事站"组织。王永民宣称"中华大陆行政执事站"的建立就是要扩大行政人员，壮大神的联合体，推倒撒旦的行政，建立主天国度。同时宣扬"世界末日"，"末世已经来临，1999九九归一，神国将要建立"。

中国反邪教协会指出，"灵灵教""华南教会""被立王""主神教""世界以利亚福音宣教会""圆顿法门""新约教会""达米宣教会""天父的儿女"

等邪教组织在我国境内也有传教、聚会、滋事等活动，提醒广大群众注意防范其危害。

■ **复习思考题：**

1. 什么是总体国家安全观？

2. 公民维护国家安全的义务包括那些方面？

3. 维护国家安全，我们应该注意哪些问题？

第二章　人身安全

导　言

　　青少年是国家的宝贵人才，是民族的希望、祖国的未来，他们的个人行为直接影响着他们的健康成长。随着社会的发展进步，技工院校学生的生活空间也随之扩展，交流领域也在不断拓宽，不但在校园内学习、生活，而且还走出校园参加众多的社会活动，危及人身安全的危险因素也不断增多。因此，同学们要了解人身安全的基本常识，端正个人行为，提高自身的防御能力，防止一切不良行为对自己的侵害。

第一节　校园人身安全

案例导读

被告人谭某某（16周岁，在校学生）与被害人曾某某（在校学生）均系某武术学校全托班学生。2016年6月11日21时许，两人在谭某某宿舍内因琐事发生争吵并厮打，被劝开后，谭某某持折叠刀至曾某某所住宿舍内，将曾某某捅伤。曾某某经抢救无效于次日凌晨死亡。河南省郑州市中级人民法院经审理认为，被告人谭某某犯故意伤害罪，判处有期徒刑十年。

本案系校园暴力引发的悲剧，令人嗟叹。两个花季武校少年，仅因琐事争端，被告人一时情绪失控，铸成终生大错。被害人失去了宝贵的生命，被告人也将付出失去自由的代价并在未来漫长岁月里承受追悔莫及的心灵煎熬。青少年要珍惜青春，敬畏生命，与法为伴，健康前行。

一、防范校园暴力

校园暴力一般指校园欺凌，是在校园内外学生间一方（个体或群体）单次或多次蓄意或恶意通过肢体、语言及网络等手段实施欺负、侮辱，造成另一方（个体或群体）身体伤害、财产损失或精神损害等的事件。

根据采取的方式不同，校园暴力分为三种形式：语言暴力，即使用嘲笑、蔑视、谩骂、诋毁等歧视、侮辱性的语言，致使他人在心理及精神上受到侵犯和损害；身体暴力，即使用打架斗殴、勒索财务、谋杀等凶恶、暴力性的行为，致使他人在身体及财务上遭到伤害和损失；心理暴力，指的是不断重复地采用语言或其他诡计，影响别人学习生活，造成对方精神或心理状况发生不良改变，这其中也包括不断重复的侮辱性手机短信、网络微博等。

校园暴力已经引起全社会的共同关注，社会、学校、家长要共同抵制校园暴力，保护学生的身心健康，使每一个学生健康成长。

（一）校园暴力产生的原因

1. 个体因素

青少年时期的个性特征基本形成，对事物有自己独特的见解和一定的辨别是非能力，但其身心尚未完全成熟，人格发展的不健全、自我认知的不和谐、对挫折的耐受力差、对挑衅缺乏理智等原因，容易引起情绪上的冲动和愤怒，因而对一定的对象产生报复和攻击的行为。

案例： 2010 年 8 月，犯罪嫌疑人林某入住某大学某宿舍楼 421 室，一年后，黄某调入该寝室。之后，林因琐事对黄不满，逐渐怀恨在心。2013 年 3 月 29 日，林某在大学宿舍听黄某和其他同学调侃说愚人节即到，想做节目整人。林某看到黄某笑得很得意，便联想起其他学校用毒整人的事件，因此他便计划投毒"整"黄某。后来，他找来剧毒后投入饮水机里，导致黄某中毒身亡。

图 2-1 校园暴力

2. 家庭因素

人格是否健康地形成与家庭的教育有很大关系。如果家庭成员文化素质低下、道德品质败坏，父母的管教方法过严、过于溺爱或者父母疏于管教，家庭气氛紧张、不和谐，使孩子缺少关爱和安全感等情况都会对孩子的健全人格培养产生不利影响。尤其值得强调的是，父母本身的心理健康状况对孩子的成长也极其重要。在研究中，我们发现许多父母在社会经济文化转型中自身产生的社会心理疾病，如紧张、恐惧、冷漠或不安全感等，大多会潜移默化地传染给孩子，使他们在社会化的过程中也产生人格障碍，这也是校园暴力的诱因之一。

3. 学校因素

有些学校在对学生的监督管理等方面显得力不从心，对学生平时发生的人际矛盾和心理摩擦不能及时发现或进行疏导化解，对具有暴力倾向、惹是生非、打斗成风等特性的"问题学生"不能及时排查或开展心理教育，忽视对学生社交技能、公德意识、法律意识等方面的培养，从而为校园暴力事件的发生埋下了祸根。

4. 社会因素

青少年生活在社会转轨的变化时期，市场经济带来的思想意识形态的变化，也使他们受到很多负面的影响。经常观看暴力性影视节目及沉迷于暴力电子游戏极有可能改变个体的人格结构和日常交往方式。在现实与游戏相冲突的情境下，其暴力性攻击行为有可能被唤起和使用，从而增加暴力事件发生的可能性。

案例：2015 年 4 月 16 日 17 时许，被告人刘某某、邬某某、贾某伙同杜某（15 周岁，女，在校学生）、赵某某（15 周岁，女，在校学生）、武某（16 周岁，女，在校学生）、胡某某（16 周岁，女，在校学生）在北京市海淀区海洋馆北侧紫御府附近，无故对被害人小丽（女，15 岁，化名）进行殴打，情节恶劣。后因部分作案视频被上传至互联网而引发了公众普遍关注，导致案发。三被告人于 2015 年 4 月 18 日经公安民警电话通知后主动投案，后如实供述犯罪事实。案发后，三被告人及部分未成年同案人通过经济赔偿、赔礼道歉等形式获得被害人小丽谅解，并被取保候审。

（二）校园暴力的防控

1. 学生自身的防控

（1）提升个体认知水平。认知一般包括对自己的认知、对他人的认知以及对交往本身的认知三个方面。作为学生自身而言，应将注意力更多地转移至专业学习、业余爱好、理想事业等方面，并不断深刻剖析自我，认识自己的不足，明确自己的职责，以实际行动提高自己的综合能力来满足自尊。

（2）加强个体社交技能。良好的社交技能有助于学生免遭对抗性事件、暴力事件和攻击行为的伤害。学生个体应有意识地进行社会交往技能训练，掌握社会人际交往的技能，提高人际沟通能力，必将减少暴力事件或攻击行为的发生。

（3）建立心理支持系统。学生个体受挫时可主动找朋友、亲人、老师等倾诉内心积怨，得到理解和支持，从而平衡内心的怨恨与不满。此外，也可通过合理的方式发泄内心愤怒，例如，参加大量消耗体能的对抗性运动（指拳击、摔跤、柔道、跆拳道、击剑等运动项目），参加激烈性的体育运动（指跑步、爬山、棒球、足球、篮球、网球等运动项目），向无生命的替代品进行攻击等，将有助于减少个体可能的暴力或攻击行为。

2. 学校的防控措施

（1）对学生进行法制和安全教育，增强学生的法制意识和自我保护意识。

（2）加强理想信念教育，帮助学生树立正确的世界观、人生观和价值观。

（3）有效应用心理疏导方法，对具有暴力倾向、心理障碍的学生及时进行排查并开展心理疏导工作，防止暴力事件的发生。

图 2-2　拒绝校园暴力

（4）及时、适度惩罚校园暴力事件的肇事者。

（5）严格门卫登记、管理制度，控制外来人员进入学校，严禁无业流窜人员进入学校。

3. 家庭及社会方面

在家庭方面，父母应以身作则，注重言传身教，及时关注子女心理变化，做好沟通与疏导工作，使其正视困难、摆正心态和纠正心理偏差，从而避免暴力事件或攻击行为的发生。在社会方面，应注重发挥大众媒体的舆论引导作用，通过新闻播报、电视广告、网络游戏、网络博客等宣传社会公德和人间正义，从而净化心灵，从思想上驱除暴力、攻击等不良行为，培养良好的公德意识和人格品质。

总之，构建和谐稳定的校园氛围，需要学校、家庭、社会和个人等各方面的相互协作、共同努力，只有各环节齐心协力、相辅相成，才能从根本上铲除校园暴力的发生，从而促进学生的身心健康发展。

拓 展 阅 读

如何应对和制止校园暴力

（一）不崇拜暴力文化

我们应该远离那些充斥着暴力文化的影视作品、书籍、报刊及游戏等，不给暴力文化存留的空间。不要受暴力文化的影响，贸然模仿影视或游戏里的暴力行为。在现实生活中，暴力不会帮助我们解决任何问题，它只会激化矛盾。正确认识影视、书刊中英雄人物的形象和意义，培养健康高尚的审美情操，多接触有益身心的文化。

(二) 不参与校园暴力

我们都明白，道理是讲出来的，而不是打出来的。珍惜生命的同时，也要珍惜身边每一个爱你的人。在日常生活中，文明用语"你好、请、谢谢、对不起、再见"10字应常挂口中，不讲粗言秽语。同学之间应和睦相处，不拉帮结派，宽以待人，互相尊重，相互礼让，相互体谅。遇到问题时，我们需要的是解决问题的办法，而不是制造问题的暴力手段。发生矛盾时，我们应该先正确认识自身存在的问题，树立正确的是非观念。当有同学"邀请"我们去参与校园暴力时，我们应该断然拒绝，坚决不充当校园暴力行为中的帮凶。

(三) 注重心理的健康发展

当我们面临心理压力时，一定要做到：不要让压力占据我们的头脑，保持乐观是控制心理压力的关键，我们应将挫折视为鞭策我们前进的动力，遇事要多往好处想。在平时的生活中，我们应主动努力与他人沟通，敞开心扉、表达心情、诉说心声，这样我们才能更好地平衡心理，通过外界的帮助来完善思维，解决各种困难和问题，从而避免遇事冲动、自作主张的行为。与他人交流，合理发泄自己的情绪，有利于心理压力的自我调节。

(四) 加强自身的法律意识和法制观念

一些同学考虑问题过于偏激、钻牛角尖，做事不多考虑，认准了一点就无法想到其他问题，想不到可能导致的严重后果，甚至需要承担的法律责任，做了以后才会发现问题的严重性，但往往这时候后悔已晚矣。同学们在平时的生活中，应认真学习法律法规，以法律来规范自己的行为，也要以法律来保护自身的合法权益。

(五) 树立正确的安全道德观念

助人者自助，救人者自救！助人为快乐之本，社会需要弘扬正气。安全第一，预防为主，防患于未然是解决问题的最好办法。日常生活中要与同学友好相处，要宽宏豁达，不应为一丁点儿小事僵持不下，斤斤计较，甚至拳脚相加，做出降低人格的事情。

(六) 避免自己成为施暴者的目标

我们平时不要随身携带太多的钱和手机等贵重物品，不要公开显露自己的财物。学校僻静的角落、厕所或楼道拐角都是校园暴力的多发地带，在这些地方活动时尤其要注意，最好结伴而行。应对暴力，要临危不乱。如果我们无法避免危险的发生，那么在危险发生的时候，一定不要惊慌，保持冷静、清醒的头脑是制胜的关键。我们应克服心理上的恐惧，积极地去解决问题或者本能地保护自己。

(七) 遭受语言暴力时的自救

应对语言暴力，通常可以采取以下方式：一是淡然处之，对付语言暴力最好的办法是保持沉默；二是自我反省，分析自身责任，是否是自己的行为或做事的方法本身存在问题；三是无畏回应，如果对方是有意并且是较为恶劣的人身攻击或伤害，就有必要对攻击者郑重地声明自己的立场，或给他一个严厉而意味深长的眼神；四是肯定自己，不要受对方侮辱性语言的影响，要积极肯定自己的价值；五是调整心理，对于外界的打击和辱骂，我们要有一个好的心态，要学会爱惜自己，不要让他人的因素来影响自己的情绪和健康；六是法律维权，如果语言施暴者的行为已经构成了诽谤，并对我们造成严重的精神伤害，我们可以诉诸法律，用法律来维护我们自身的权益。

(八) 遭受行为暴力时的自救

如果被攻击者殴打时，一是找机会逃跑；二是大声呼救；三是如果以上退路都被攻击者截断，那么应双手抱头，尽力保护头部，尤其是太阳穴和后脑。

(九) 遭受心理暴力时的自救

对于心理施暴，要从自我心理调整入手。如果在学校遇到了排斥、歧视、孤立等心理暴力行为，我们应该积极、主动地去与别人沟通，弄清楚原因。如果自己无法解决，可以向老师求助。

(十) 及时报告，依法维权

由于校园暴力的随机性，许多同学对其产生了恐惧和焦虑。一些同学不敢把事情告诉家长和老师，更不敢报警，甚至警方破案后也不敢出面作证，成为"沉默的羔羊"。忍气吞声往往会导致新的暴力事件的发生，所以我们一定要树立报告意识，一旦有情况发生，及时告诉家长、老师和警察，他们是我们值得信赖的人。发现他人遭遇紧急情况，我们也要在第一时间打电话向司法机关求助，采取最有效的救助措施。

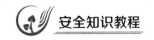

二、远离"黄赌毒"

"黄赌毒",是指卖淫嫖娼及贩卖或者传播淫秽物品,赌博,种植、买卖或吸食毒品的违法犯罪现象。在中国,"黄赌毒"是法律严令禁止的活动,其刑罚从拘留至死刑不等。

(一)认识"黄赌毒"

1."黄"

即淫秽物品,是指具有描绘性行为或者露骨宣扬色情的书刊、图片、音频、视频及其他淫秽物品。随着信息时代的发展,微信、微博、几个交友 APP

图 2-3 黄赌毒

几乎成了人们手机内的必备软件,可是,这些软件中却藏着一些"黄色"的陷阱,让人防不胜防。有调查发现,网络各类社交平台涉黄情况日益严重,让"上钩者"损失钱财的同时更加难堪。

案例:几个月前,某技工院校学生齐某经历了一件让他难以启齿的事情。一天晚上,找工作未果的他百无聊赖地玩起了微信"摇一摇",结识了一名自称"妮妮"的女子。"妮妮"通过微信向齐某表示可以低价提供性服务。于是齐某按照"妮妮"提供的地址,来到了一栋隐蔽在某大厦地下一层的 KTV 内。"妮妮"把齐某带到一个包房内,要来啤酒、饮料不停地劝齐某喝,闭口不谈"正事"。齐某提出性交易,"妮妮"却一直闪烁其词。感觉受骗的齐某准备起身离开时却被一名中年女子拦住,让他结算服务费和酒水费 2500 元及房间费、介绍费 880 元。齐某掏出手机要报警,不料这时,几个彪形大汉走了进来,将齐某的手机夺走,并气势汹汹地说如果不交钱就要"收拾"他。无奈之下,齐某只好支付了 3380 元。

2."赌"

"赌"是一种丑恶的社会现象,它是以金钱或其他有经济价值的物品作台面的抵押,通过各种形式的输赢较量而使得抵押物品在报注人之间更替或转移的一种行为,换言之,赌博就是利用赌具以金钱作为赌注,以占有他人利益为目的的违法犯罪行为。

目前,赌博行为已由以前的聚众赌博演变为利用各种方式进行赌博,这类赌博的活动地点大都在校外或网络上，参加者个体具有较强的隐蔽性。赌博的主要形式有玩电子游戏机、玩老虎机、打麻将、打扑克、赌球、六合彩等。随着互联网技术与智能手机的迅速发展，网络游戏赌博有了滋生的土壤并越来越盛行，对在校学生的毒害很严重。

案例： 某校学生范某经同学介绍，加入了一个QQ群，通过押单双、大小进行赌博。据了解，范某进群的第一天，先投入了20元，一把就获得了80元的收益。没过几天，就赢了1万多元，这让他感觉钱来得特别容易。随后，他越玩越大，由几十元一把升到2000元一把，但慢慢地就开始只输不赢。范某越输就越想回本，短短两个月，他输了近4万元。为了还债，范某借了"高利贷"，不到半年时间，债务"利滚利"，达到了10万多元。

3."毒"

根据《刑法》第357条的规定，毒品是指鸦片、海洛因、甲基苯丙胺（冰毒）、吗啡、大麻、可卡因以及国家规定管制的其他能够使人形成瘾癖的麻醉药品和精神药品。毒品具有依赖性、非法性及危害性，只有同时具备这三个特征，才能称之为毒品。

当今世界，毒品种类繁多，不仅传统的毒品继续扩散泛滥，而且新的毒品层出不穷，比如麻果、冰毒、K粉、摇头丸等。很多人对这些新型毒品有误解，以为它们危害不大、成瘾性小，而实际上，这些新型毒品都是化学制剂，直接针对人体中枢神经起效，能够产生更强烈的精神依赖，更易成瘾。

案例： 某技工院校三年级学生黄某迷上了夜店，经常和朋友到夜店、酒吧里玩，也结识了不少朋友。5个月前，有朋友向他推荐了一种饮料，说喝了以后"提精神"，果然，黄某喝过之后感觉非常兴奋，有时候多喝几口后会连续亢奋，坚持几十个小时不用睡觉。但精力透支的结果是他总感觉疲劳、困乏，上课时不能集中注意力。渐渐地，黄某总感觉有人在背后议论自己，说自己的坏话，这让他心情不好、情绪低落，晚上整夜难眠。开朗的黄某变得沉默不语，经常感觉烦躁、压抑。他每周都要去一两次夜店、酒吧，喝那种让人感觉"精神"的饮料后才觉得放松。

近来，黄某的行为更加让人疑惑，总是怀疑有人在跟踪他，怀疑他的饭菜被人下毒，连电视机的遥控器都是坏人的遥控炸弹。他被家人强制送入精神卫生中心。经检查发现，他的尿液中，K粉、麻果成分均呈阳性，诊断为

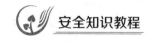

多物质滥用所致精神障碍。

（二）"黄赌毒"对学生的危害

1. 荒废学业

青少年是社会主义现代化的建设者，是现代科学知识的传承者，他们带着美好的理想、成才的愿望跨进校园，使学校殿堂充满蓬勃向上的朝气，而一旦被"黄赌毒"污染，他们的理想和理智的防线就会崩溃，轻则不思进取、想入非非，终日心神不宁、精神萎靡不振，上课不认真听讲，课后不能及时复习；重则沉溺其中不能自拔，荒废学业，甚至坠入犯罪的深渊。

2. 损害身心

（1）淫秽、色情出版物及网络色情会误导青少年的性观念，扭曲青少年的性心理。青少年处于黄金年龄段，身体发育已趋于成熟，性意识已经觉醒，如果整日只知寻求欲望的满足，极不利于健康成长。在欲望得不到满足的情况下，又容易出现心理障碍或患上身心疾病。卖淫嫖娼、乱搞性关系极易传染性病、艾滋病等疾病，从而造成更加严重的后果。

（2）赌博是多种疾病的导火索。经常出入赌博场所的人往往嗜赌成性，呈现出一种病态心理。一旦进入长时间保持精神高度集中的紧张状态，再加上废寝忘食，极易出现消化系统紊乱和腰肌劳损等症状，患上生理和精神疾病。

（3）毒品之所以被人们称为"幽灵""瘟疫""魔鬼"，是由于吸毒极易上瘾且很难戒断，久而久之，身体严重中毒导致产生各种病态反应，如烦躁不安、失眠、疲乏、精神不振、腹痛、呕吐等。特别是使用不洁净的针头、注射器注射毒品，客观上为艾滋病的传播提供了通道。总之，吸食毒品使人懒惰无力、意志衰退，导致感染各种疾病，甚至危及生命和自我毁灭。

3. 损失钱财

涉黄者需要黄资，好赌者需要赌资，吸毒者需要毒资，如果学生染上"黄赌毒"，势必给自己、给家庭造成巨大的钱财损失。

4. 诱发犯罪

"黄赌毒"不仅对涉及者造成肉体和精神上的伤害，使他们陷入难以解脱的痛苦之中，而且还会诱发多种犯罪，从而在更大范围和程度上危害社会。如果学生与"黄赌毒"沾上边，他们便需要大量的资金，一旦失去资金供给来源，势必会引发犯罪行为，如盗窃罪、抢劫罪、杀人罪等。

图 2-4　拒绝黄赌毒

（三）远离"黄赌毒"的危害

1. 抵制"黄"害，追求健康人生

（1）对淫秽物品要坚决做到不看、不传，更不能制作和贩卖。

（2）要洁身自好，读好书、交好友，参加有益健康、积极向上的文体活动。

（3）要自觉主动学习了解健康的性知识教育，树立正确的性观念。

（4）要充分利用网络上的学习资源，培养高尚的情操，树立正确的人生观、道德观和价值观。健康文明上网，不浏览内容不健康的网站，提高识别不良信息的能力，做到坚决抵制。

2. 远离"赌"害，维护文明风尚

（1）思想上要充分认识赌博的危害，培养高尚的情操，把主要精力用于学习专业文化知识，课余时间多参加健康积极的文体活动和社会实践活动。

（2）要防微杜渐，分清娱乐和赌博的界限，树立正确的金钱观。不贪图小便宜，不参与任何形式的赌博。要牢记网络赌博实际上是网络诈骗，要提高警惕，不要落入骗子的陷阱。

（3）要意志坚决、态度鲜明，对同学、朋友的劝诱要坚决拒绝，不要顾及情面。同时有义务纠正、制止、举报他人的赌博行为，以遏制赌博风气在校内外蔓延。

3. 拒绝"毒"害，珍爱健康生命

（1）严守心理防线，树立警觉戒备意识。青少年由于社会阅历浅、辨别是非能力弱，特别是在有人大肆吹嘘毒品的好处，比如能减肥、减压、不易成瘾、免费品尝等，更是容易中圈套。所以，技工院校学生对各种诱惑一定要提高警惕，不轻信谎言，采取坚决拒绝的态度，同时将这些人的行为报告家长、学校和当地公安机关。

（2）慎重交友，杜绝攀比。"近朱者赤，近墨者黑"，不少青少年是基于从众心理或迫于朋友压力才开始吸毒的。技工院校学生应该选择有理想、有道德、爱学习、讲文明、守纪律的人交朋友，以免由于交友不慎而深陷泥潭。不轻易和陌生人搭讪，不接受陌生人提供的香烟和饮料。同时还要克服攀比心理，不要赶时髦、求刺激、贪图享乐。

（3）不要进入 KTV、酒吧、游戏厅等治安复杂的场所；不要滥用减肥药、兴奋药、镇静药等药品；一旦遇到无法排解的事端，首先要设法寻找正确的途径去解决，而不能沉溺其中，自暴自弃，更不能借毒解愁。

拓 展 阅 读

学会认识和鉴别几类新型毒品

1. 冰毒

冰毒即甲基苯丙胺，外观为纯白结晶体，故被称为"冰"，对人体中枢神经系统具有极强的刺激作用，且毒性强烈。冰毒的精神依赖性很强，吸食后会产生强烈的生理兴奋，大量消耗人的体力和降低免疫功能，严重损害心脏、大脑组织甚至导致死亡，同时还会造成精神障碍，表现出妄想、好斗、错觉，从而引发暴力行为。

2. 摇头丸

冰毒的衍生物，以 MDMA 等苯丙胺类兴奋剂为主要成分，具有兴奋和致幻双重作用，滥用后可出现长时间随音乐剧烈摆动头部的现象，故称为摇头丸。外观多呈片剂，为五颜六色的，服用后会使中枢神经强烈兴奋，出现摇头和妄动现象，在幻觉作用下常常引发集体淫乱、自残与攻击行为，并可诱发精神分裂症及急性心脑疾病，精神依赖性强。

3. K 粉

K 粉即"氯胺酮"，静脉全麻药，有时也可用作兽用麻醉药。白色结晶粉末，无臭，易溶于水，通常在娱乐场所滥用。服用后遇快节奏音乐便会强烈扭动，会导致神经中毒反应、精神分裂，出现幻听、幻觉、幻视等，对记忆和思维能力造成严重的损害。此外，易让人产生性冲动，所以又称为"迷奸粉"或"强奸粉"。

4. 麻果

麻果系泰语的音译，通常为红色的片剂，它是一种加工后的冰毒片剂，属苯丙胺类兴奋剂，具有很强的成瘾性，渐有取代摇头丸之势。吸食麻果后的一个典型症状就是出现精神异常，吸毒的圈内人士称之为"岔道"。患者会出现大量幻觉，尤以幻听为多见，并表现出紧张恐惧、自语胡语、敏感多疑等症状，如怀疑配偶出轨、怀疑被别人监视控制、有人对其跟踪监视、家里到处都是摄像头、手机被监听等精神异常症状。其后，患者会出现脾气暴躁，甚至有冲动伤人行为，严重的患者四处逃避以躲避追杀，甚至自杀自伤。

第二节　交通安全

据有关报道，自从有机动车道路交通事故死亡记录以来，全世界死于道路交通事故的人数已超过 3200 万人，近百年来累计死于交通事故的人数已超过两次世界大战中死亡人数的总和。全世界每年有 100 多万人死于交通事故，其中我国每年就有近十万人死于交通事故。交通事故已成为人类死亡的第五大要因，仅次于心脏病、癌症、突发病（中风）和肺炎。

技工院校学生的交通安全是指学生在校园内和校园外的道路行走、乘坐交通工具时的人身安全。只要有行人、车辆、道路这三个交通要素存在，就有交通安全问题。也许仅仅一个小小的意外就会造成严重后果，断送美好的前程，甚至生命。在我们的日常生活中，许多突发事故是可以通过努力预防和避免的。事实证明，良好的安全意识、自觉地遵守交通法规、快速灵敏的反应、正确的救护技巧是预防交通事故、最大限度地避免或减轻伤害的有效手段。

一、学生交通安全事故的主要表现形式

（一）校园内易发生的交通事故

校园内发生交通事故的主要原因是思想麻痹和安全意识淡薄。许多学生刚刚离开父母和家庭，缺乏社会生活经验，交通安全意识比较淡薄，同时有的同学在思想上还存在校园内骑车和行走肯定比校外马路上安全的错误认识，一旦遇到意外，发生交通事故就在所难免。校园内发生交通事故的主要形式有以下几种。

1. 注意力不集中

很多同学心不在焉，走路时戴着耳机听音乐，或成群结队在机动车道路中间互相打闹，或看手机，或一边看书一边在机动车道路上横穿。听音乐、发微信、玩游戏是走路时的三大"隐形杀手"，其中听音乐的人数超过四成，这无疑导致意外伤害的风险倍增。

案例：某校学生王某走路时喜欢戴着耳塞边听音乐边看书，有时候车到

了他跟前才发觉。同学提醒他要注意，但他却当作耳边风。2014年10月，王某跟往常一样一边听着音乐一边看着书回宿舍，经过一个路口时，一辆轿车从他左侧行驶过来，轿车司机不断鸣笛，但他却丝毫没有避让的意思，结果轿车刹车不及将其撞倒，幸好车速不是很快，否则将危及生命安全。

图 2-5　充耳不闻

2. 在路上进行轮滑、球类等体育活动

技工院校学生精力旺盛、活泼好动，即使在路上行走也是蹦蹦跳跳、嬉戏打闹，甚至有时还在路上进行轮滑、球类等体育活动，更是增加了发生事故的危险。

案例：2017年6月，某学校两位男同学在操场踢完足球后，在回宿舍的路上还余兴未尽，边跑边传球，此时身后正好驶来一辆汽车，驾驶员躲闪不及撞上了其中的一位，导致该学生左小腿骨折。

3. 骑"飞车"现象

学校的校园面积一般都比较大，宿舍与教室、图书馆等之间的距离比较远，所以许多学生购买了自行车或是电动车，上下课时骑车在人海中穿行是校园里的一道风景线。但部分学生骑车速度飞快，有时候电动车不声不响"唰"的一下就从身边过去了，经常把人吓出一身冷汗，存在很大的安全隐患。

案例：2016年，某学生张某在网吧里上网到第二天凌晨四点多才回寝室休息。一觉醒来已快到上课时间了，他起床后顾不得梳洗便匆匆下楼，骑上自行车飞快朝教室奔。当他骑到一个下坡向右转弯的路段时，本来车速已很快但他还觉得慢，又猛踩了几下，就在这时迎面来了一辆小轿车，因车速太快避让不及，连人带车掉进了路旁的水沟里，致使右胳膊骨折。

（二）校园外常见的交通事故

1. 行走时发生交通事故

技工院校学生闲暇之余购物、观光、访友时要到市区活动，这些地方车流量大、行人多，各种交通标志眼花缭乱，与校园相比交通状况更加复杂，发生交通事故的概率很高。

案例：2015 年 12 月，某校一位男生孙某在周末与同学一起逛街。街上车辆川流不息，行人熙熙攘攘，为了图方便，孙某翻越护栏过马路，此时一辆大卡车正飞驰而来，司机刹车不及，将其撞倒并从他身上碾压过去，孙某付出了生命的代价。

2. 乘坐交通工具时发生交通事故

技工院校学生离校、返校、外出旅游、社会实践、寻找工作等都要乘坐各种交通工具。全国各地学生因乘坐交通工具而发生交通事故的情况时有发生，有时甚至造成群体性伤亡，教训十分惨重。

案例：2016 年 7 月 16 日，某校学生杨某放暑假后，为了省钱便没有在长途汽车站买票乘车，而是选择在高速路边招手坐上了一辆中型普通客车。车辆行使途中为躲避行人而急刹车，导致车辆冲出路外，翻入深约 10 米的路边沟中，造成 7 人当场死亡，杨某等 3 人经抢救无效死亡，20 人不同程度受伤。经查发现，该车核载人数为 19 人，实载人数为 30 人，属严重超员。

二、交通事故的预防

（一）提高交通安全意识

技工院校学生要提高自身的交通安全意识，自觉遵守交通法规。不管是校内还是校外，发生交通事故最主要的原因是思想麻痹、安全意识淡薄。

（二）加强交通安全的宣传和教育

学校应设立交通安全宣传栏，利用校园广播、网络传播交通安全知识等形式，广泛开展交通安全宣传教育活动，宣讲交通法律知识和安全知识，提高学生知法守法意识。

（三）掌握基本的交通安全常识，增强自我保护意识

1. 行人交通安全常识

（1）行人在没有人行道的道路上行走时，要靠右侧行走。

（2）横穿马路时应走人行横道、人行天桥或地下通道。在没有交通信号、人行横道的路段，要注意观察、避让来往车辆，在确保安全的情况下通过。

（3）在十字路口，要注意来往车辆，应当按照交通信号灯指示通行，服从交警的指挥和管理。

（4）不得跨越、倚坐道路隔离设施，不得扒车、强行拦车。

（5）滑板、旱冰鞋等滑行工具难以掌握方向和紧急停止，因此，不得在道路上使用滑板、旱冰鞋等滑行工具。

2. 骑自行车人交通安全常识

（1）要在非机动车道行驶，在没有非机动车道的道路上，应当靠车行道的右侧行驶，不抢行、不争道。

（2）遇到路口转弯时应减速，并提前打手势，不能突然猛拐。

（3）不牵引、攀扶车辆或者被其他车辆牵引。

（4）骑车时不能双手离把或者手中持物，不扶身并行、互相追逐或者曲折竞驶。

（5）要严格遵守交通信号指示灯。

（6）通过人行道时，要注意避让行人。

（7）骑电动车时，速度不宜过快。

（8）横穿机动车道时，要下车推行。

（9）骑车时应按交规要求载人或载物。

3. 乘车人交通安全常识

（1）乘车人不得携带易燃易爆等危险物品乘坐公共交通车辆；不得向车外抛洒物品；不得有影响驾驶人安全的行为。

（2）在乘坐机动车时，不要将手和头等身体任何部分伸出车外。

（3）不要在道路中间上下车；开关车门不妨碍其他车辆和行人通行；下车时注意后面驶来的机动车和非机动车。

（4）乘坐公共汽车时，应排队上车，按顺序就座，没有座位时，应该抓好车内扶手站稳；乘坐小型客车时要主动系好安全带。

（5）不要在不允许停车的地方候车及拦车。

（6）遇火灾事故，乘车人应迅速撤离着火车辆，不要围观。

4. 机动车驾驶人交通安全常识

（1）要遵守交通信号，听从交警指挥；不要驾驶有机械故障的"带病车"上路。

（2）在机动车道通行，没有划分机动车道的，在道路中间通行；行驶时不超过限速标志牌标明的最高时速，与前车保持足以采取紧急制动的安全距离。

（3）行经人行横道时，减速行驶；遇到行人正在通过人行横道，停车让行；行经没有交通信号的道路时，遇行人横穿过道路，应当相让。

（4）不酒后驾车，特别是不醉酒驾车。

（5）在发生交通事故后，要立即停车，开启危险报警闪光灯，并在来车方向 50~100 米处设置警示标志，并全力抢救受伤人员。

（6）在高速路上行驶的车辆发生故障，需要停车排除故障时，驾驶人应立即开启危险报警闪光灯，将车辆移至不妨碍交通的地方停放；车辆难以移动时，应当继续开启闪光灯，并将警告标志设置在事故车来车方向 150 米以外，车上人员应当迅速转移到右侧路肩上或者应急车道内，并迅速报警。

图 2-6　对不文明交通行为说"不"

三、发生交通事故的处理办法

（一）第一时间报案

无论在校外还是在校内，一旦发生交通事故后，要第一时间报案，这有利于事故的公正处理，千万不能与肇事者私了。若在校外发生交通事故，除及时报案外，还应该及时与学校取得联系，由学校出面处理有关事宜。

（二）保护好现场

事故现场的勘查结论是划分事故责任的依据之一，若现场没有保护好则会给交通事故的处理带来困难，造成"有理说不清"的情况。因此，发生交通事故后要切记保护好事故现场。

（三）控制肇事者

若肇事者想逃脱，则一定要设法控制，自己不能控制时可以请求周围的人帮忙控制。若实在无法控制，也要记住肇事车的车牌号等特征。

汽车的惯性和学生必须知道的内容

在一般情况下，汽车在行驶中，如遇到危险情况，驾驶员踩刹车减速或停车就可能避免交通事故。但是，遇到紧急或突然情况，如行人或骑车人在车辆临近时横穿马路，尽管驾驶员采取紧急刹车的措施，也难免发生撞车、撞人的事故。同学们，你们都知道惯性的原理，驾驶员从发现危险到采取紧急刹车到汽车完全停止，需要两个过程，即"制动停车过程"和"制动停车距离"。这就如同你在奔跑中突然停下来，还受惯性的作用，不由自主地向前冲击几乎一样。汽车行驶速度越快，惯性就越大，制动停车距离越长。因此，汽车不是一刹车就能停止的。检测结果表明，当汽车以每小时40公里的速度行驶行进时，从司机发现情况急刹车到制动有效，车会向前继续行驶18.82米远才能停住；而在雨雪天气，由于路面较滑，会向前继续行驶达24米。

在日常生活中，有许多人既不懂得汽车惯性的道理，又在思想上存在"车不敢撞人"错误认识，于是便毫无顾忌地在行驶着的汽车前横过马路或从停着车的车头车尾突然走向车行道上，结果被汽车撞倒了。同学们，懂得了汽车性能后，我们在横穿马路时一定要"东望望、西瞧瞧"，始终做到"宁停三分、不抢一秒"，要知道，与疾驶的机动车赶时间就等于是在"与死神共舞"。另外，遇到转弯的车辆时，我们不能靠车辆太近，以免被车尾撞倒。

交通标志小比赛，看看哪一组得分最高？

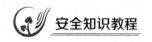

第三节　实习实训安全

　　小沈是湖州某职业技术学院的学生，经学校组织安排到湖州某印染公司实习，跟随师傅学习检修工作。8月11日上班期间，由于输煤线滚筒粘煤，小沈拿着扫把进行清除，结果手臂被滚筒绞住，后经医院抢救治疗，诊断为右侧锁骨远端及肩胛骨远端缺损。9月13日，小沈装了假肢。

　　辽宁省某职业技术学院的学生小张，经学校同意后到某测绘公司从事测绘的实习工作，在一野外测量中，由于疏忽大意，他携带移动金属标尺走到了铁路上，结果将电流引下，造成身体的大面积烧伤。

　　曹某是北京市宣武区一职业技术学院的学生，经学校安排到北京市某制药厂实习。一天，一台搅拌机将正在擦拭机器的曹某卷了进去。这场突如其来的事故使曹某失去了左臂。

　　实习实训是技工院校教学环节中非常重要的一环，也是各项基本素质向核心能力全面提升的关键阶段。学生在学校的组织和指导下，根据专业特点，在校内或校外的相关行业企业开展实践锻炼以获得实践知识和技能，形成独立工作能力和良好职业道德。在实习实训前要掌握基本的安全常识，提高安全防范意识，规范实习实训行为，规避实习实训风险，才能保证实习实训取得良好效果。

教师组织同学去本专业的实习、实训室参观，现场感受实习实训教学。

一、实习实训事故发生的原因

（一）对设备不熟悉而造成操作失误，从而引发伤亡事故

有的学生对设备的操作不熟悉，在好奇心的驱使下容易造成操作失误。

案例：北京某校学生在一家工厂实习时，由于对冲床的误操作，造成其

右手中指被切断。

(二) 安全意识差, 违反安全操作规程, 引发伤亡事故

有的学生安全意识淡薄, 违规操作机械设备, 致使发生伤亡事故。

案例: 某校学生在金工实习时进行金属成型加工, 随意脚踩开关, 造成左手小指被剪板机剪断。

(三) 安全知识匮乏导致伤亡事故

由于学生对安全知识知之甚少, 从而造成事故隐患。如机械零件加工过程中对工件尺寸的测量, 要求必须在机床完全停止转动后方可进行, 加工的铁屑只能够用铁钩清理, 不允许用手直接清除。但这些基本知识却往往被学生所忽略。

案例: 某校学生在实验室利用小型车床制作科研实验设备零件时, 在机床未完全停止转动的情况下, 匆忙测量工件尺寸而导致测量工具飞出, 击伤手臂, 缝合10针。

(四) 没有按要求穿戴工作服

工作服是实习学生进入实习场地必须穿戴的服装, 不同实习场合着装要求和着装的衣料区别也很大。有的学生随意着装, 以致发生事故。

案例: 某校学生进行金属焊接实习时, 未戴防护眼镜, 并在清除电焊渣壳时违反操作规程, 使温度极高的焊渣崩入眼睛内, 幸运的是未伤及眼球, 仅仅造成眼角化脓, 3个月后方痊愈。

二、实习实训安全的注意事项

(一) 校内实训的注意事项

1. 树立 "安全第一" 的观念, 健全安全组织、安全制度、安全措施。做好做细调查、宣传发动、组织落实、监督检查考核等系统性工作。明确预防、管理、检查工作的重点, 有的放矢, 加强针对性。

2. 每位学生自觉接受岗位安全教育和安全技术培训, 遵守实训安全上岗制度。

3. 学生进行各工种实训时, 指导老师要对学生进行本工种安全操作规程教育, 讲解有关注意事项, 按不同岗位的不同要求穿戴好防护用品。工作服必须紧袖; 留长发的女同学必须戴工作帽, 不准穿高跟鞋、裙子上岗; 男同

学不准穿背心、短裤上岗；不准穿拖鞋等。

4. 学生实训操作时，不得动用他人的设备、器具。在操作过程中如发现不正常现象，应及时向指导老师报告。

5. 在实习场地严禁乱闯、打闹、喧哗。

6. 当日工作完毕，应认真清理工作场地，将用过的设备和工具按要求进行整理并放回原处。关闭电源，经实习指导老师同意后方可离开场地。

7. 各类实习有其他特殊规定的，必须按其规定严格执行。

（二）校外实习的注意事项

校外实习的安全教育应该定位于"认识社会，拒绝诱惑，防范侵害，远离危险"。通过有针对性的教育，让学生认识到自我保护的重要性，提高自我保护的自觉性和遵纪守法的自觉意识，确保学生健康成长。校外实习除了遵守校内实习的注意事项外，还应遵守以下事项。

图 2-7　实习安全

1. 学校应根据学生健康状况，提出不宜外出实习的学生名单；学生管理部门根据对实习单位综合情况的调查，提出各实习点的重点管理目标对象、重点时段、重点场所及必要的措施。

2. 实习单位要加强学生生产实习期间的劳动保护，严格执行《中华人民共和国劳动法》《未成年工特殊保护规定》，防止生产实习过程中发生意外事故。如果实习单位不具备有关法律法规所规定的条件，学生可以依法拒绝参加实习训练。

3. 实习单位在实习学生上岗前，应对其进行有关劳动纪律、职业道德、生产安全、劳动防护的教育、培训，落实学生实习的指导老师，确定生产实习内容。没有接受过安全培训或安全培训不合格者，不能上岗。

4. 按要求正确穿戴和使用劳动防护用品，不准穿钉有铁掌或铁钉的鞋，以防走路时与地面摩擦产生火花，引起火灾或爆炸；女生的长发必须盘在头顶，且必须佩戴工作帽，以防头发被转动设备卷入而造成伤亡；女生不准穿裙子、穿高跟鞋，以防在攀梯或行走时造成扭伤或摔伤。

5. 每个实习组进行编组时，要注意男、女生混合编组，尽量避免女老师、女学生单独编组，禁止一人单独进行野外实习。

6. 准确了解厂矿、企业内特殊危险工区、地点及物品，避免发生意外事故。

7. 在实习现场，严禁同学间相互嬉戏，以防发生交通事故、高空坠落、机械伤害等恶性事故，造成人员伤亡。

8. 在实习现场，严禁进入任何废弃的设备内，以防发生窒息死亡事故。在实习现场行走时，要随时注意头顶的管道和脚下的阴沟与地槽。

9. 在没有可靠的安全保障的条件下，不准随便登高。

10. 在实习现场时，不要随便触摸裸露的管道与设备，以防烫伤；更不要随便动现场的阀门与按钮，以防发生紧急停车、物料放空等生产事故，造成重大经济损失。

三、实习、劳动事故处理

（一）沉着冷静，及时报告

在实习过程中，发生事故一定要冷静，无论大小均应立即报告带队教师及学校领导及时处理。

（二）应急处理

如果发生实习事故，应按以下方法进行处理。

1. 在实习、劳动过程中被划伤时，应迅速用干净的手帕、纸巾包住伤口，止住流血，并立即送往医院；如果被铁钉扎伤，还应到医院打破伤风针。

2. 在实习、劳动过程中，不慎从高处或从楼梯上滚落扭伤关节、碰伤骨头时，千万不要随意移动，应保持着地姿势，并拨打急救电话。

3. 在实习过程中，发现同学触电，要迅速切断电源，千万不要用手去拉触电者，应设法用绝缘体挑开电线。如果发现触电者昏迷，应及时做人工呼吸，并送往医院进行救治。

4. 在实习过程中，如果手指扎入车床，或头发、衣角卷入车床，应立即关闭车床；如果发生断指、断臂的情况，应紧急包扎受伤处上部肢体止血，并迅速捡拾断指、断臂，清洗后浸入生理盐水（切记不可浸入酒精或消毒液中），并立即送往医院救治。

实习实训安全需要全体师生的共同努力，教师在教学及指导过程中应及时地发现并处理安全隐患，且需要学生的积极配合，这样才能杜绝一切事故的发生，确保安全。这既是实习教学的首要前提，也是我们的根本目的。

实训室安全管理制度

1. 实验实训室和楼道内必须配置足够的安全防火设施，消防设备要品种合适，定期检查保养，大型精密仪器室应安装烟火自动报警装置。

2. 走廊、楼梯、出口等地点和消防安全设施前要保持畅通，严禁堆放物品，并不得随意移位、损坏和挪用消防器材。

3. 易燃、易爆药品由专人专柜存放保管，并符合危险品的管理要求；剧毒药品应由两人保管，双锁控制，存放于保险箱内；建立易燃、易爆、剧毒药品的使用登记制度。

4. 普通化学试剂库设在检验科内，由专人负责，并建立试剂使用登记制度，领用时应符合审批手续，并详细登记领用日期、用量、剩余量，并由领用人签字备案。

5. 凡使用高压、燃气、电热设备或易燃、易爆、剧毒药品试剂时，操作人员不得离开岗位。

6. 各种电器设备，如电炉、干燥箱、保温箱等仪器，以实验室为单位，由专人保管，并建立仪器卡片。

7. 做好电脑网络安全工作，防止病毒入侵，防止泄密。

8. 每天下班时，各实训室应检查水、电安全，关好门窗；各方面进行安全检查，确保无隐患后，方可锁门离开；值班人员要做好节假日安全保卫工作。

9. 检验过程中产生的废物、废液、废气、有毒、有害的包装容器和微生物污染物均应按属性分别妥善处理。

10. 任何人发现有不安全因素，应及时报告，迅速处理。

四、勤工助学安全

勤工助学是指学生利用课余时间参加的，以获得报酬、培养自立能力为主要目的的各种服务和劳动。

（一）勤工助学的类型

当前学生勤工助学涉及的领域比较广，概括起来主要有以下三种类型。

1. 科技、智力服务

结合所学专业知识和技能，利用自己所学的知识和掌握的技能为社会提供有偿服务。如学校组织学生承担助教、助研、助管工作，参与工程项目的研究、新产品的研制和开发、开展社会调查等。

2. 家教等文化服务

3. 劳动服务

组织学生从事力所能及的体力劳动，如安排学生文明行为的执勤、治安巡逻，帮助图书馆、资料室、实验室等从事辅助性的工作。

（二）勤工助学应坚持的原则

1. 必须坚持课余的原则

在课余时间从事勤工助学，获得一定劳动报酬，维持最基本的生活、学习条件，保持良好的身心素质，是为了更好地完成学业。否则，占用了学习时间，分散了精力，影响了学业或未能达到应有的学习成绩，是一种本末倒置的做法。

图 2-8　勤工助学

2. 以校内为主，以解决特困生为主的原则

充分利用并争取学校为学生提供相对稳定、报酬合理、安全便利的勤工助学岗位。以解决特困生为主，帮助他们获得一定的经济收入，解决一定的经济困难，另一方面，也是一种自强不息精神的体现。同时，勤工助学本身就是一种思想教育活动，使学生在辛苦的劳动中体会到劳动成果来之不易，从而养成艰苦奋斗、勤俭节约的优良作风，进而以更加努力的学习态度、更加优良的学习成绩来报答国家、社会、学校对他们的关怀与帮助，这也是学

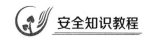

校育人工作的一部分。

3. 以运用所学科学文化知识和专业技能服务社会，提高素质为主的原则

学生理论联系实际，学以致用，用而知不足，用而促学。虽然目前这种形式的助学活动受到一定条件的制约，但实践证明这是最佳选择。

（三）勤工助学应注意的安全问题

1. 遵纪守法，凭诚实劳动获得报酬

首先，要熟悉有关法规，依法办事，决不能做违法的事。其次，要知道依法保护自己，以诚实的劳动和服务获得的收入应当受到保护。

2. 有组织地开展勤工助学活动

参加勤工助学活动最好是有组织地进行，这样可避免或减少失误、上当和越轨行为。

3. 勤工助学要量力而行，避免风险

技工院校学生进行勤工助学时要找适合自己的事情做，如做家教、参加学校内部的劳务、参加学校治安服务工作等，千万不要盲目到社会上找一些赚钱较多但风险较大的工作。

七嘴八舌：谈谈你对勤工助学的看法。

第四节　女生自我保护

案 例 导 读

　　2014 年 8 月，先是重庆少女因"搭错车"被杀害，后是女大学生济南搭黑车遭男子囚禁性虐，又有江苏女大学生在返校途中失踪被人抢劫杀害。以上三起案件的共同特点就是目标都是女大学生。

　　8 月 9 日，20 岁的高某在铜梁区阴差阳错上了陌生人的轿车，随后和家里失去联系。19 日，铜梁区警方发布微博称：高某上错车后，途中与车主蒲某发生争执而被杀害。8 月 19 日上午 11 时，蒲某在云南省德宏州落网。

　　8 月 12 日下午 6 点，苏州吴江 19 岁的女大学生高某，从苏州前往南京时突然"失联"，家人和众多网友多方寻找半月有余，仍未有高某的下落。28 日凌晨 1 时许，苏州吴江区公安分局召开发布会，失踪半月的 19 岁女大学生高某确认系遭抢劫遇害，犯罪嫌疑人王某已落网。

　　8 月 21 日，22 岁女大学生金某独自一人乘火车到济南转车，遭 52 岁嫌疑人代某搭讪，并以 30 元价格搭乘代某的电动车。随后金某被代某带回住处并被强奸。在大约四天的时间里，代某对金某实施了捆绑、堵嘴、殴打、恐吓、强奸，并利用性药品和性工具对金某实施多次性虐待。

　　相对于男生而言，女生正值花季，更应该注意人身安全。如何避免外界的伤害，除了依赖亲人、朋友之外，更要学会自我保护，加强安全防范。

一、性侵害的主要对象和形式

（一）性侵害的主要对象

　　性侵者的对象主要是女生，而在女生中以下几种情况更容易受到性侵：长相漂亮，打扮入时，胆小怕事，体质衰弱，有性过错者；身处险境，孤立无援者；不加选择，乱交朋友，贪图钱财者；怀有隐私，易被要挟者；意志薄弱，难以抗拒诱惑者；精神空虚，追求享受者；无视法纪者。以上女生尤其要提高警惕。

（二）性侵害的主要形式

1. 暴力型性侵害

暴力型性侵害是指犯罪分子使用暴力和野蛮手段，如携带凶器威胁、劫持女生，或以暴力威胁加之言语恐吓，从而对女生实施强奸、轮奸或调戏、猥亵等。暴力型性侵害有四个特点：一是手段残暴。当性犯罪者进行性侵害时，必然受到被害者的本能抵抗，所以很多性犯罪者往往要实施暴力且手段野蛮和凶残，以此来达到自己的犯罪目的。二是行为无耻。为达到侵害女生的目的，犯罪分子往往会厚颜无耻、不择手段地任意摧残凌辱受害者。三是群体性。犯罪分子常采用群体性纠缠式对女生进行性侵害。四是诱发其他犯罪。性犯罪的同时又常会诱发犯罪分子的其他犯罪行为，如财色兼收、杀人灭口、争风吃醋、聚众斗殴等恶性案件。

2. 胁迫型性侵害

胁迫型性侵害是指利用自己的权势、地位、职务之便，对有求于自己的受害人加以利诱或者威胁逼迫受害人与其发生性行为。在学生学习、求职时，有人利用职务之便或者乘人之危迫使其就范，或者设置圈套，引诱学生上钩，或者利用学生过错或者隐私要挟受害人。

3. 社交型性侵害

社交型性侵害是指在自己的生活圈子里发生的性侵害，与受害人约会的大多是熟人、同学、同乡，甚至是男朋友。社交型性侵害又被称作"熟人强奸""社交性强奸""沉默强奸""酒后强奸"等。受害人身心受到伤害以后，往往出于各种考虑而不敢加以揭发。

4. 滋扰型性侵害

滋扰型性侵害的主要形式：一是利用靠近女生的机会，有意识地接触女生的胸部，摸捏其躯体和大腿等处，在公共汽车、商店等公共场所有意识地挤碰女生等；二是暴露生殖器等变态式性滋扰；三是向女生寻衅滋事、无理纠缠，用污言秽语进行挑逗，或者做出下流举动对女生进行调戏、侮辱，甚至可能发展成为集体轮奸。

二、易发生性侵害的时间和场所

（一）易发生性侵害的时间

夏天和夜里，女生容易遭受性骚扰、性侵害。夏季夜生活时间延长，外出机会增多；气温比较高，女生衣着单薄、裸露部分较多，因而对异性的刺激增多。同时夜间光线暗，犯罪分子作案时不容易被人发现。夏季校园内绿树成荫，罪犯作案后容易藏身或潜逃。

(二) 易发生性侵害的场所

在公共场所和僻静场所时，女生容易遭受性骚扰、性侵害。公共场所如教室、礼堂、舞池、溜冰场、游冰池、车站、码头、江边、影院等场所人多拥挤时，不法分子常乘机骚扰女性；僻静处如校园僻静处、公园假山、树林深处、夹道小巷、楼顶晒台、没有路灯的小道楼边、尚未交付使用的新建筑物等，不法分子常乘机伤害女生。

三、怎样预防性侵害

(一) 夜间行走时的预防

女生应尽量避免夜间外出行走，不得不在夜间外出行走时亦应注意保持警惕，结伴而行，不走偏僻、阴暗的小路；陌生男人问路时，不要带路；向陌生男人问路时，不要让他带路；不要穿过分暴露的衣服，防止产生性诱惑；不要搭乘陌生人的车辆，防止落入坏人圈套；遇到不怀好意的男人挑逗，要及时斥责；碰上坏人要高声呼救、反抗或周旋拖延，等待救援。

(二) 身在宿舍时的预防

女生在宿舍时应注意：经常检查宿舍门窗，如发现损坏，及时报修；就寝前，要注意关好门窗，天热也不例外，防止犯罪分子趁女生熟睡时作案；夜间上厕所时，如走廊、厕所公共照明设备已坏，应带上手电筒，返回时，应及时关好门；夜间如有男性敲门询问，应保持高度警惕。

图 2-9 女生自我保护

(三) 自爱自珍、提高警惕

1. 不贪便宜，处事谨慎

对一般异性的馈赠和邀请要婉言拒绝，以免因小失大。不要轻易相信新结识的异性朋友，不能随便说出自己的真实情况。对自己特别热情的异性，特别是相识甚至熟识的，更要倍加注意。

2. 行为端正，态度明朗

行为端正，坏人无机可乘；态度明朗，会打消对方坏念头。如果自己态度暧昧、模棱两可，会增加对方幻想，继续纠缠。参加社交活动与男性单独交往时，要理智地、有节制地把握好自己，尤其应注意不能过量饮酒。对异性要正常相处，不要在交往中表现轻浮，注意分寸。

3. 及时报告，争取帮助

对于那些失去理智、纠缠不清的人，女生不要惧怕，不要怕打击报复，要揭发其阴谋或罪行，及时向学校报告。出了事，千万别"私了"，"私了"的结果常会使犯罪分子得寸进尺。

四、性侵害的危机应对

预防性侵害是十分必要的，但是一旦遇到性侵害时怎么办呢？建议力争做到以下几点。

（一）发现苗头，巧妙周旋

当遇到异性纠缠时，应该态度明朗，明确拒绝。减少往来次数，但要以礼相待，避免用言行刺激对方而引发对自身的侵害。临危不乱，机智脱身。例如，有一女生面对侵害，看到自己无法逃脱，便急中生智，指着身上的一点皮肤病坦然喝之："我有性病，不怕死的来吧！"歹徒认为得不偿失，悻悻而逃。遇到难处，要及时向老师和领导汇报。如发现对方有采取报复行为的苗头时，要寻找老师帮助，妥善处理，防止发生意外事件。

（二）保持冷静，临危不惧

遇到不怀好意的异性挑逗，要及时斥责，表现得刚强而自信；如果碰上坏人，首先要高声呼救，假使四周无人，切莫慌张，要保持冷静，利用随身携带的物品或就地取材进行自卫反抗。同时，还可以采取交谈周旋、拖延时间的方法等待救援。

遇到"色狼"时的顺口溜是"四喊三慎喊"："男友在旁高声喊，二三女友高声喊，白天高峰高声喊，旁有军警高声喊；天黑人少慎高喊，孤独无助慎高喊，直觉危险慎高喊，斗智斗勇智为先。"喊和不喊的根本标准，就是以保护自己、以不伤害自己的身体为第一。

（三）胆大心细，依法自卫

当面对性侵害时，如果我们有能力进行防卫，可以不考虑防卫的后果，即可采取无过当防卫行为：可用手戳其眼睛，用水果刀、小剪刀刺其手脚，或用鞋跟用力踩其脚背等；若被坏人扑倒在床上，则要用被子迅速罩住坏人的头脸，将其推倒后迅速逃跑；如果被歹徒从背后抱住，则迅速弯下腰从双腿中间抓住歹徒的脚用力向前拉；如果对方拿刀子戳向你，就用你的包包作挡箭牌，然后扔掉包包迅速逃跑；如果迫不得已产生了正面冲突，尽量用胳膊肘、膝盖作武器，毕竟女性体力难以与歹徒抗衡。如果可以，可攻击歹徒的眼睛、鼻梁、腹部以及下体，这些地方都是他们相对薄弱的部位，一旦得空赶紧逃脱！

提高防范意识对于每一位女生而言都是十分必要的，因为哪怕有千万分之一的危险降临到你的身上，对你和家人的伤害都是百分之百的。因此，请谨记以上专家老师的建议意见，通过提高安全防范意识把危险消灭在萌芽状态中。此外，如若不幸遇到危险，要保留证据并及时报警，且主动寻求心理帮助。

 拓 展 阅 读

女性如何保护自己免受攻击

1. 隐藏。攻击别人应该只被视为最后的手段。在保护自己之前，你需要做好选择。记住，如果你被发现，躲藏很可能会困住你，使你处于易受伤害的位置，所以你可能会被迫和他们战斗。

2. 采取适当的战斗姿态。如果对方没有停下来的意思，你就应该采取适当的战斗姿态。把你的身体转向一边，这样你的右肩（或左肩，取决于你的优势手）就面对你的攻击者。把拳头举到空中保护你的身体，不要太高，因为怕挡住视线，但也不能太低，防止无法保护你的头部。

3. 知道如何阻止攻击。为了挡住对方的一拳，用一只张开的手将拳头推开，使其不会撞到任何可能造成伤害的地方，如头部、腹部或腹股沟。

4. 懂得反击。从战斗的立场，一拳应该从你的身体中心出来。你应该快速出拳并快速收回。不要把你的手臂悬挂在攻击者可以抓住的地方。你也可

以踢对方造成伤害。

5. 知道如何握拳。这可能看起来像是一个愚蠢而微不足道的事情，但知道如何用一个正确的拳头打出一拳却可以避免自己受伤。你的拇指应该位于你的食指和中指的下方。不要把你的拇指放在你的拳头之内，如果你用力打人的话，你的拇指甚至有可能会折断。一定要保持手腕的平直度，因为这样也可以防止你受伤。

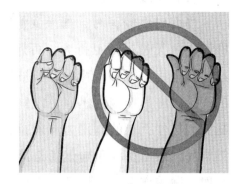

图 2-10　如何握拳

6. 显得强大。保持一个平直的背部，稍快的步行速度（但不要太快，否则你会显得可疑和害怕），高昂着头。你要让对方觉得你很警觉，并且是一个拥有经验丰富的格斗技巧的人。

7. 注意周围的环境。攻击者经常会遇到他们的受害者，试图扮演无辜者或威胁要你的钱财。这多半发生在一个安静的地方，所以要留意那些可能会接近你的人。

8. 防守。如果有人靠近你，那么将脚稍微分开站立，背对着头，然后伸直手臂，手掌向前推，好像把对方推开了一样，然后告诉对方立马走开。即使他们接近了你，也要这样做，这种姿势会让你看起来更强壮。如果对方没有走开，你要强势地问对方问题，比如"你为什么跟踪我？""你想要什么？"通过这样做，你能更多地了解你的敌人想做什么。如果对方确实回答了，那么也许有可能说服他或她远离最初的目标并达成妥协。如果对方需要钱，你可以给对方钱让对方离开，但是依然不能降低姿态。不要舍不得金钱，失去金钱总比失去生命好。

9. 格斗姿势。如果对方的确不想离开你，你可做出一个格斗姿势。如果你是右撇子，那就把右脚放在身后；如果你是左撇子，把你的左脚踩在身后。不要离你身后太远，否则会使你无法移动，通常的规则是把脚放在身后，在你身后的脚提供了一个支柱，以防止攻击者推动你。

10. 用你的手抓住对方的头发（图 2-11）。用手抓住对方的头发，把你的防守脚抬起来，用弯曲的膝盖击打对方的脸。如果这样做顺利的话，就会有足够的时间让你逃跑。

11. 用强壮的胳膊狠狠地打入对方的鼻子（图 2-12）。这会迷惑你的对手，有机会就打破他或她的鼻子，以便制造逃跑的机会。当你击打的时候，大声嚷嚷也有助于加强你的冲击和震慑对手，同时也有助于吸引外人的注意力。如果你确定要保护自己，不要保留力量，因为一个威力过小的击打，未能震慑到对手的同时，可能还会激怒对方。你也可以想尽办法，去击打对方的下巴。

图 2-11　抓住对方的头发

12. 攻击者在背后的处理方式（图 2-13）。如果攻击者用手臂环绕着你的腰部和胸部，把你的双臂撑开（要记住，对方攻击你实际上不是想抱着你），确认对方是左侧还是右侧先放松，而你则在瞬间肘击对方放松一侧的脸部。用你的自由手抓住他或她的手臂，然后踏出一只脚，这样你就可以在撞击后离开。

记住，你不是为了攻击而攻击，抓住一切逃跑的机会。比如击中对方要害后，对方往往需要十几秒的停顿时间，这已经足够你逃跑了。

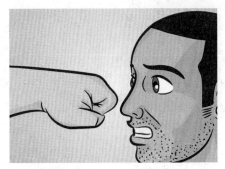

图 2-12　击打对方的鼻子

图 2-13　击打背后的攻击者

■ 复习思考题：

1. 如何应对和制止校园暴力？

2. 青年学生如何远离黄赌毒？

3. 如何预防交通事故的发生？

4. 实习实训时要注意哪些安全问题？

5. 女生如何防范遇到侵害？

第三章　财产安全

　　技工院校学生开始相对独立地掌握和使用有限的财物，这是积累社会经验、历练成长的必经之路，但成长往往要付出代价。由于不善于管理自己的财物，有的学生把财物乱丢乱放，有的学生显财摆阔、故意露富，有的学生在自我防范上单纯幼稚，从而对自身的财物疏于管理，成为违法犯罪的被害人。从近年来校园案发情况看，盗窃、诈骗、抢劫等一直占据很大比例，给学生的财产造成严重危害，给校园的安全稳定带来消极影响。积极引导学生树立正确的物质利益观，有效预防和积极控制财产安全隐患，是校园安全预防工作的一个重要内容。因此，财产安全是每一个学生应高度重视的问题。

第一节 防盗窃

案例导读

新学期开学历来是校园内部盗窃等案件高发时段。自8月29日以来，广州地区多所学校学生宿舍相继发生入室盗窃案，损失严重。8月29日，A校生活区3间学生宿舍被盗，损失现金、电脑、手机等财物价值约2万元。9月1日，B校生活区2间学生宿舍被盗5台电脑、1台手机，价值约2万元。9月1日，C校租用其他学校新生军训的近20间学生宿舍被人进入、翻动衣柜等，5间宿舍被盗，损失2000元。9月1日，D校1间学生宿舍被盗2台电脑。

盗窃是以非法占有为目的，秘密窃取公私财物数额较大或者多次盗窃公私财物的行为。增强防盗意识，了解校园内盗窃犯罪的基本情况、规律和特点，掌握防盗的基本常识，是做好防盗、保证安全的基础。

一、校园盗窃案件的主要行为特征

一般盗窃案件都有以下共同点：实施盗窃前有预谋准备的窥测过程；盗窃现场通常遗留痕迹、指纹、脚印、物证等；盗窃手段和方法常带有习惯性；有盗窃的赃款、赃物可查。由于客观场所和作案主体的特殊性，校园盗窃案件还有以下特点。

（一）时间上的选择性

作案人为降低风险，在作案时间上往往进行充分考虑，大多选在作案地点无人的空隙实施。

1. 上课时间

学生以学习为主，每天都有紧凑的课程安排，没课的学生上图书馆学习或进行课余活动。在上课期间，特别是上午一二节课，学生宿舍里一般无人，盗窃分子都深知此规律，并抓紧在这一时间作案，因此这一期间是外盗作案的高峰期。

2. 课间时间

课间休息仅 10 分钟，学生在下课后一般都会走出教室。作案分子特别是内盗作案人员会利用此时机，在盗窃得手后继续回教室上课，给人以没有作案时间的假象。

3. 夜间熟睡后

经过一天的学习、活动，学生都比较疲惫，而且学校一般都有规定的熄灯时间，所以上床后很快入睡。盗窃分子趁夜深人静、室内人员熟睡之际行窃，特别是学生睡觉时不关寝室门窗，这更是给小偷创造了有利条件。

4. 新生入校时

新生入校时，由于彼此之间还不太熟悉，加之防范意识较差，偶尔有陌生人到寝室来也会以为是其他同学的老乡或熟人，不加盘问，这给作案分子以可乘之机。

5. 军训、大型活动等

军训、学校举办大型活动等期间，学生宿舍人员少，易被盗；校园发生和处置突发事件时，人们的注意力往往集中到某一点上而无暇顾及其他，盗窃分子乘虚而入，浑水摸鱼。

(二) 目标上的准确性

校园盗窃案件，特别是内盗案件中，作案人的盗窃目标比较准确。由于学生每天都生活、学习在同一个空间，加上互相不存在戒备心理，东西随便放置，贵重物品放在柜子里也不上锁，使得作案分子盗窃时极易得手。

(三) 技术上的智能性

校园盗窃案件的作案主体有的就是本校学生，高智商的人为多，在实施盗窃过程中对技术运用的程度较高，自制作案工具效果独特先进，其盗窃技能明显高于一般盗窃作案人员。

(四) 作案上的连续性

"首战告捷"以后，作案分子往往产生侥幸心理，加之报案滞后和破案的延迟，作案分子极易屡屡作案而形成一定的连续性。

(五) 手段上的多样性

盗窃分子往往针对不同环境和地点，选择对自己较为有利的作案手段，以获得更大的利益。

1. 顺手牵羊

顺手牵羊类罪犯熟知"兵法"，主要利用物品在、人不在，或物品在、人睡觉而伺机实施盗窃。作案分子除了一些惯偷之外，还有一些人见财起意而实施盗窃，往往带有随机性。这类盗窃案件多发生在教室、图书馆、食堂等公共场所。

案例：王某、刘某和莫某三人于济南会合，预谋到山东某地的大学校园里盗窃手机。他们先后流窜至山东某地东部大学城，在诸多高校餐厅及附近小吃街，采用顺手牵羊的方式，趁人不备盗窃他人手机。短短三天的时间共扒窃手机近40部，涉案金额8万余元。公安民警通过严密侦查，在某酒店门口将犯罪嫌疑人王某和莫某抓获，现场查获未销赃手机近30部。

2. 乘虚而入

乘虚而入类罪犯很狡猾，主要利用学生防范心理差、短暂离开、室内无人、房门打开的机会，或者借送外卖、推销、找同学等机会，登堂入室，实施犯罪。这类作案分子目光歹毒、手段狠辣，专盯现金和贵重物品，专搜抽屉里、被褥下等容易收藏物品的角落。这类案件主要发生在管理混乱、人员混杂的宿舍，或总是不锁门唱空城计的宿舍。较之"顺手牵羊"，其手段更为隐蔽，行窃胃口更大，造成的损失往往更严重。

案例：犯罪嫌疑人钱某以"推销化妆品和音像制品"为名，在各校园疯狂实施盗窃作案。他先后盗窃手机30部、现金8000余元，涉案价值共计5万余元。钱某供认，之所以以校园为作案地点，是因为学生宿舍比较集中，对打扮成学生模样出入宿舍的人都缺乏防范意识，很多学生短暂离开宿舍时并不会锁

图3-1 盗窃

门，下手机会多。他以推销为幌子，一旦敲门后发现宿舍内无人或有人睡觉，就进屋，见到值钱的东西直接拿走，神不知鬼不觉，被抓到的风险低。

3. 窗外钓鱼

窗外钓鱼是指作案分子用竹竿、铁丝等工具，在窗外或阳台处将室内衣物、皮包钩出，有的甚至利用钩到的钥匙开门入室进行行窃。

4. 翻窗入室

翻窗入室是指作案分子利用房屋水管等设施条件翻越窗户入室行窃。作案人窃得钱物后往往堂而皇之从大门离去。

案例： 某宿舍报案被盗，损失了 3 台笔记本电脑、2 部手机，涉案价值达 2 万余元。民警接警后，迅速赶到现场。寝室位于 2 楼，住着 4 名即将毕业的研究生，其中 3 人情绪激动，称毕业论文、资料都在电脑里，如果电脑找不回来，很可能会影响毕业答辩。

经询问，民警发现案件发生在凌晨 0 点以后，他们睡前已将房门锁住，门锁并无撬动痕迹，但窗户大开，窗外有空调外机，翻窗入室可能性极大。通过视频追踪，发现凌晨 1 时许有一男子经过被盗宿舍，出来时，身上竟多了一个背包，且该男子戴着帽子、口罩，作案嫌疑极大。经过走访调查，最终锁定嫌疑男子为张某。次日，民警在张某家中将其抓获，并搜出了帽子、口罩，但未发现赃物，而张某拒不交代犯罪事实。经过视频追踪，发现张某曾与一驾车男子碰头。民警找到该男子，是一个收购二手电脑的老板，称张某放了一个包在车上。在得知包内可能是赃物后，男子将包送至派出所。经核实包内确为此案被盗物品，所幸物品、资料完好无损。

5. 撬门扭锁

撬门扭锁类罪犯属于盗贼中的"技术工"，大多数是"撬锁狂"，撬开门锁的方式有多种，进入学生公寓后，会"极尽所能，尽心尽力"地发挥自己的"技术优势"，撬开每一把锁、翻遍每一个柜子以及每一个角落。此类案件主要发生在学生上课、参加大型活动或者晚自习期间，主要以价值高、易携带的物品为盗窃对象。

6. 溜门行窃

盛夏时节，一些学生为图凉快，夜间睡觉不关门，小偷趁机入室偷窃。有的小偷夜间先偷走门钥匙，白天再找机会入室偷窃。一些学生夜间上厕所不锁门，小偷利用时间差，快速入室抱起财物就跑。

案例： 某校女生郑某半夜醒来，发现宿舍里竟然有个陌生女人，而陌生女人闻声神情淡定地走了出去。郑某这才意识到"遭贼了"，她马上叫醒室友，追出来一探究竟。此时，走廊上已没有了小偷的踪影。

据了解，该宿舍楼发生入室偷窃事件已经不是第一次了，半月前六楼整层楼被盗，被盗物品主要是手机、笔记本电脑以及现金。时隔不过半月，竟然又一次被盗。相比上次被盗，这次因发现及时，只丢失了少量现金。根据这次目击小偷的郑某陈述，因天气热，她们睡觉前没有关宿舍门，于是给了小偷可乘之机。

7. 盗取密码

盗取密码是指作案人有意获取他人手机或银行卡密码，并伺机转账或到银行窃取现金。这类手段常见于内盗案件，并且以关系相好的同室或"朋友"作案较多。

(六) 动机上的复杂性

1. 追求享乐摆阔气

少数学生受"金钱至上"等价值观的影响，见钱眼开，见利思义，贪图虚荣，不择手段，比享受、比吃穿，花钱如流水，久而久之打起了歪主意去行窃。这样钱来得既快捷又省时省力，还可以继续摆阔。

2. 经济透支无来源

有的学生本来家庭条件不好，花销又大，债台高筑，没有新的经济来源支持，最后就实施盗窃，逐步走向犯罪的深渊。

3. 寻求报复泄私愤

作案人仅仅是出于对他人或对集体的一种报复。有的是出于变态心理，看不惯有钱的学生大大方方地花钱而进行盗窃，有的则是因为与同学有其他矛盾转而去偷他的钱物，并加以损毁，从中获得快感。

4. 心理扭曲变态狂

作案人心理扭曲变态，患有盗窃癖，偷窃只是为了得到心理上的满足。

二、校园盗窃的预防

(一) 居安思危，提高防范意识

一般防盗窃的基本方法是人防、物防和技防，其中，"人防"是预防和制止盗窃犯罪唯一的可靠有效的方法。根据有关调查研究表明，盗窃分子盗窃欲望的产生在许多情况下是受到盗窃目标的诱惑与刺激，加上我们日常生活中的不良习惯给盗窃分子提供机会。如大额现金有意无意在人面前显现、价值贵重的手机任意摆放在室内等，这都是盗窃案件易于产生的原因，所以加强自身财物保管是减少被盗的有效途径。对学生而言，提高防范意识，做好防盗工作，这不仅是个人的事，也是全校师生共同的大事。只有人人参与其中，群防群治，才能真正有效控制和防范盗窃案的发生。

发现可疑人员应采取的正确处理方式

1. 发现形迹可疑人员应主动上前询问，这时态度要和气，但问得应仔细些。如果来人确有正当理由，一般都能说得清楚。如来探亲访友的，多半能说出姓名及所在院系、专业、班级，必要时还可帮助找人。

2. 如来人回答疑点较多，所说的院系、专业、班级不对号，要找的人根本不存在，或神色慌张、左顾右盼等情形时，应设法拨打校园"110"报警，并稳住可疑人，协助保卫处调查处理。

3. 发现可疑人员身上携有可能的赃物、作案工具等物品时，应就近寻求同学、老师、值班人员的帮助，一边稳住或跟踪可疑分子，一边拨打校园"110"报警，并协助保卫处或公安机关调查处理。

要注意的几个问题：一是态度始终要和气，即使可疑人激动争吵，也要与其讲明道理，切不可动手，更不能随意进行搜查，因为这样做也是违法的；二是及时寻求就近同学、老师、值班人员的帮助，形成合力应对可疑分子；三是如果可疑人员真是盗窃分子，还要防止其突然行凶或逃跑，报警一定要及时，要有方法；四是做到注意安全、随机应变、以正压邪、急而不乱。

（二）加强修养，提高自身素质

学生之间贫富差距客观存在，要保持健康心态，自力更生更自豪。一是注意团结，友好与人相处，形成相互帮助的风气。二是谨慎交友，克服讲哥们义气，少交酒肉朋友，防止引狼入室，甚至同流合污，成为盗贼的帮凶。三是要通过合法途径，获得正当经济来源。对于自己不需要但别人有的东西，建议延迟享受，克服从众心理、攀比心理。在校期间，同学们还应主动学习相关法律，提高法律意识，切勿因贪念作祟，耽误前程，悔恨终身。

知 识 链 接

关于盗窃的法律规定

《中华人民共和国治安管理处罚法》第四十九条：盗窃、诈骗、哄抢、抢夺、敲诈勒索或者故意损毁公私财物的，处五日以上十日以下拘留，可以并处五百元以下罚款；情节较重的，处十日以上十五日以下拘留，可以并处一千元以下罚款。《中华人民共和国刑法》第二百六十四条第一款：盗窃公私财物，数额较大或者多次盗窃的，处三年以下有期徒刑、拘役或者管制，并处或者单处罚金；数额巨大或者有其他严重情节的，处三年以上十年以下有期徒刑，并处罚金；数额特别巨大或者有其他特别严重情节的，处十年以上有期徒刑或者无期徒刑，并处罚金或者没收财产。

（三）关注易发生盗窃的时间和场所

1.易发生盗窃的时间

新生入学及放假前夕；周末、假期中；上课时，尤其是上午第一、二节课时；晚自习时；夏秋季节，开窗、开门睡觉；学校举办大型活动期间等。

2.易发生盗窃的场所

（1）学生宿舍，因为学生的物品和现金以及有价证卡等主要是放在宿舍。

（2）居住成员混杂、搬动次数频繁的地方，如学生外出实习、刚刚开学后学生尚未分班、集中强化训练班等，这时就容易被盗窃分子钻空子。

（3）制度不严、管理松懈的地方，如个别学校的实验室、实训基地等，易被盗贼乘虚而入。

（4）缺乏警惕性、互不关心的场所，以及门窗缺乏安全设施的地方。

（5）无人值班或虽有人值班但值班人员责任心不强、擅自离岗的地方。

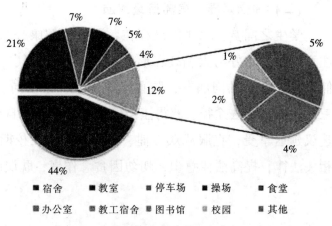

图3-2　校园盗窃案件作案地点图示

（四）现金和贵重物品的保管

1. 现金

最好的保管方法是存入银行并设置密码，密码应选择容易记忆又不易被破解的数字，不要用自己的出生日期作密码，不要告诉他人。储蓄后要记下存单号码或储蓄卡号，一旦被盗窃或丢失，便于报案和到银行挂失。储蓄卡、存单与身份证要分开存放，这样即使储蓄卡或存单被盗，也不用担心被人冒领。

2. 贵重物品

不用时最好锁在抽屉或柜子里，以防被顺手牵羊、乘虚而入者盗走。放假时，最好将贵重物品带走或交给可靠的人保管，不要留在宿舍。贵重物品最好有意识地做一些特殊的记号，即使被盗，找回的可能性也要大些。

3. 笔记本电脑

晚上睡觉时最好放到上锁的柜子里，周末及放假时带回家保管，不给犯罪分子可乘之机。

4. 手机

最好多设定几种密码，手势密码也应避免太大众化，手机支付时再好的朋友也不要泄露密码。

5. 有价证卡

各类有价证卡最好的保管方法是放在自己贴身的衣袋内，袋口应配有纽扣或拉链。所用密码一定要注意保密，不要轻易告诉任何人，以防身边有"不速之客"。如果参加体育锻炼等项目活动必须脱衣服时，应将各类有价证卡锁在自己的箱子里，并保管好自己的钥匙。

（五）宿舍防盗注意事项

1. 离开宿舍时，哪怕是很短的时间，都必须锁好门、关好窗。一定要养成随手关灯、关门、关窗的习惯，以防盗贼乘虚而入。

2. 不要留宿外来人员。学生应该讲文明、懂礼貌、热情好客，但不能因讲义气、讲感情而不讲原则、不讲纪律。如果违反学校宿舍管理规定，随便留宿不知底细的人，就等于引狼入室，将会后悔莫及。

3. 注意保管好自己的钥匙，包括教室、宿舍、抽屉等处的钥匙，不能随便借给他人或放到门头上及乱丢乱放，以防"不速之客"复制或伺机行窃。

如钥匙丢失，应及时更换新锁。

4. 存放现金或贵重物品时不要被他人过眼，现金过多时应存到银行卡中，零用钱、手机等贵重物品随身携带，尽量不要存放到抽屉中，以防抽屉被撬失窃。

七嘴八舌：你有被盗的经历吗？是什么时间、什么地点被盗的？是如何处理的呢？

三、发生盗窃后的处理

（一）及时报告

发现寝室门被撬，抽屉、箱子的锁被撬或被翻动，应立即向学校保卫部门报告，并告知辅导员和学院有关领导。

如果发现存折或银联卡被盗，应立即到银行挂失。手机被盗后，可通过网上或营业厅调取通话记录，如有通话记录号码，可顺藤摸瓜寻找线索。笔记本电脑被盗后，可以请公安机关出具报警回执单，及时向电脑生产厂家报案，提供购买电脑的发票号码及上网的 IP 物理地址。如果被盗的笔记本电脑在未改装程序的情况下，电脑生产厂家可追查到被盗电脑的行踪。

（二）保护好现场

在保卫处或公安机关工作人员未赶到现场之前，要学会保护现场。如劝阻同学不要围观，不能让人进屋，更不能翻动室内的任何物品，对盗窃分子可能留下痕迹的门柄、锁头、窗户、门框等不能触摸，以免把无关人员的指纹留在上面，给勘查现场、认定犯罪分子带来不必要的麻烦。注意这些细节，会给侦破案件提供极有价值的帮助。

（三）积极协助配合

如实回答前来勘验和调查的公安民警、保卫干部提出的各种问题。回答要实事求是，不可凭想象推测；要认真回忆，力求全面、准确。同时要积极向负责侦破的公安民警、保卫干部提供情况，反映线索，协助破案。

（四）发现作案，巧妙控制

对小偷小摸的盗窃者，在人多的场所，可以高声喝令其停止盗窃，迫使其无法得逞；也可以告诉附近同学，共同制止其盗窃。对正在室内作案的盗窃分子，不应径直入室制止，而应迅速到外面喊人或报告巡逻民警及其他治安管理人员。如果发现已经得逞离开作案现场的盗窃分子，应当认真记住他们的特征，如年龄、性别、身高、体态、相貌、衣着、口音、动作习惯，以及身上的痣、瘤子、斑、刺花、残疾等各种特征，佩戴的戒指、手镯、项链、领花、耳环等各种饰品等情况和逃离去向。对有交通工具的作案者，要记下他们车辆的型号、颜色、车牌号码，以便向公安部门报告，及时破案。在一般情况下，应尽量避免与盗窃分子正面接触，以免受到伤害，要机智灵活地与盗窃分子作斗争。

如遇到两个以上的盗窃分子结伙作案，在他们分头逃跑时要集中力量抓一个。抓获窃贼后，一方面要采取强制措施将其控制住，另一方面及时通知学校保卫部门或派出所。要注意，抓住窃贼后一是不能疏忽大意，二是强制程度要适当。团伙作案被发现后，行凶伤人的可能性更大，应加倍注意安全。要充分发挥同学们的集体力量，组织同学围堵，尽量不要单兵作战，以防受到伤害。

拓 展 阅 读

生活防扒窃小常识

1. 商场及繁华地区

（1）犯罪嫌疑人经常会利用顾客进入商场掀门帘时进行扒窃，所以在商场门口处注意拿好钱包或手包、背包，以防被窃。

（2）扒窃分子的作案目标是现金、手机等，所以，在公共场所钱财不要外露，不要将钱款放在上衣下部口袋和裤子口袋内。天气寒冷穿着较厚衣服时，注意将钱款放置在冬装内口袋里。在选择商品时，要将随身携带的钱包或手包、背包放在胸前。

（3）扒窃分子时常会利用刀片等工具作案，所以，在人多拥挤的繁华地区时，要将包内的钱物放在贴身一侧，以防扒窃分子用刀片割包作案。

（4）当一个或几个陌生人反复出现在身边，且时常靠近背包或放钱包的口袋时，就应引起足够的注意和警惕了。

2. 快餐店、饭店

扒窃分子主要是利用将外衣或手包放在座位或餐桌离去点餐时进行扒窃，所以，必须将钱物始终置于自己的视线之内，或委托熟人代为保管。在人多拥挤时，付款或接取食物托盘时也要注意财物安全。

3. 农贸市场

扒窃分子往往会利用人们下班后急于买菜回家做饭而忽视财产保护的心理进行扒窃，所以，在购物时别忽视所带的钱物，尤其是不要忘记放在车前筐的包。

4. 公交车上

扒窃分子经常会在上下车门处，趁人多拥挤时作案，所以，上下车时注意保护好自己的钱物。另外在车厢内最好一只手扶横杆，另一只手注意保护好随身携带的钱物，同时还要注意将背包内的钱物置于贴身一侧，谨防被盗。

5. 在马路上

图 3-3　公交车上扒窃

扒窃分子常以在自行车前筐内或后车架上放置各式包的骑车的中老年妇女为侵害目标，趁马路上人少或地处偏僻时，用早已准备好的铁丝、尼龙绳等物勾挂进骑车人的后车轮内，致车轮被驳住。当骑车人下车检查时，扒窃分子突然窜上前将车筐内或后车架上的包拎走逃逸。所以，骑车外出时一定要将包的带子绕套在车把或车座上。骑行时如果突然出现自行车骑不动等现象，切记首先在保证包安全的前提下，再去处理其他情况。

另外，外出时，如没有急需，尽量不要带大量现金。如确实需要，首先应考虑在条件允许的前提下使用信用卡，即使确需携带大量现金，也应将其与零钱分开放置。

最后提醒，一旦发现被窃，别忘了及时到公安机关报案，并尽量提供可疑人员的有关情况，以便公安机关尽早抓获扒窃分子。

第二节 防诈骗

2016 年，山东临沂 18 岁女孩徐某以 568 分的成绩被南京某大学英语专业录取，将在 9 月 1 日入校报到。8 月 19 日，徐某接到了陌生电话，对方称有一笔 2600 元的助学金要发放给她。因前一天也曾接到教育部门发放助学金的通知，她并未怀疑电话的真伪，按对方要求，将准备交学费的 9900 元打入了对方提供的账号……发现被骗后，徐某十分难过，当晚和父亲去派出所报案。在回家路上徐某伤心欲绝，郁结于心，最终导致心脏骤停，虽经医院全力抢救，仍不幸于 21 日离世。

2017 年 7 月 19 日，徐某被电信诈骗案在临沂中院一审宣判，主犯一审因诈骗罪、非法获取公民个人信息罪被判无期徒刑，没收个人全部财产，其他六名被告人被判 3 年到 15 年不等的有期徒刑并处罚金。据了解，"徐某被电信诈骗案" 7 名被告人先后交叉结伙，在多地设立诈骗窝点，以发放助学金、购房补贴的名义拨打电话实施诈骗。

诈骗是指以非法占有为目的，用虚构事实或隐瞒真相的方法骗取公私财物的行为。这类案件由于一般不使用暴力，是在一派平静甚至"愉快"的气氛下进行的，学生们往往容易上当。诈骗案件侵害了学生的合法权益，使学生身心受到沉重打击，轻者令学生烦恼或陷入经济困境，影响其正常的学习和生活，无法顺利完成学业，重者则会使有些受害学生自杀轻生或导致连环的治安及刑事案件发生，危害性极大。

一、诈骗的主要形式

（一）假冒身份，电信诈骗

借关系进行诈骗，往往是冒名顶替或以老乡、同学的身份进行诈骗。受害人碍于面子或出于"哥们义气"，也只好"束手就擒"，更有甚者把有人寻访看作一种荣耀，而"宁可信其有不可信其无"，继而"慷慨解囊"。

案例：某同学拨打 110 报警，称有人冒充快递工作人员打电话告知其快递损坏，损失由快递公司赔偿，给了她一个微信号，告诉她通过微信转账。加了"快递员"微信后，"快递员"发了一个支付宝的二维码让她扫一扫，这位同学扫码后出现一个支付宝的界面，然后按照指示输入银行卡号和密码，结果银行卡里的 2000 元生活费瞬间都被转走了。

骗子就是利用学生防备意识薄弱，通过电话试探受害者心理，然后寻找理由，不见面，通过电话遥控，转账诈骗。

（二）欲擒故纵，诱骗钱财

此类骗子极为狡猾，先以曾许诺的利益予以兑现，让你感到此人所做的事可信，待取得信任后，就狠狠地敲你一把，让你在绝对信任和不知不觉中蒙受重大损失。此类诈骗计划周密、不易发现，危害性较大。

案例：学生小毛在手机上看到一条"只要你有手机，就能坐在家里赚钱"的招聘信息后十分心动，立即添加了好友。对方称，这份兼职是帮商品刷销量的，只要先垫付资金购买商品，随后就能收到商品金额 5% 的佣金和本金。小毛听后，虽半信半疑，但还是决定先试试。于是她通过对方发来的二维码，扫码购买了一件价值 100 元的衣服。几分钟后，支付宝内真的收到了 100 元本金和 5 元佣金。小毛觉得这个兼职很可靠，于是主动联系对方，希望再做几单。对方再次让小毛扫码，但这次垫付 600 元钱款后，却没有像上次一样收到返还的钱款。对方称，这笔单的总金额有 3600 元，刚刚只刷了一部分，必须刷满 3600 元才能一起返款，小毛再次扫码支付了 3000 元。不料付完后，对方又以系统出问题为由要求小毛再刷 3600 元才能返现。小毛惊觉对方可能是骗子，表示自己不想做了，要求对方退款，不料对方听后立即将小毛拉黑。

（三）冒充客服，网上诈骗

骗子往往是以淘宝购买物品支付未成功要求退款或支付宝被冻结等理由，以淘宝客服的名义来电话，在诈骗网站上填写银行卡号、身份信息、密码或验证码等信息后以退款为理由诈骗。只要涉及要验证码的电话，一律为诈骗。守住网银验证码，就守住了钱袋子。

案例：A 同学淘宝购物后，收到提示的消息，对方自称是店家，说货物有瑕疵，需核实信息以便退款。A 同学不假思索地配合"店家"，首先收到

"验证是否为本人操作"的验证码（其
实是淘宝账号的修改密码验证码），得
到验证码的"店家"修改了 A 同学的账
号密码（导致 A 同学不能登录淘宝账
号），同时通过掌握的用户信息取得 A
同学的信任，在"店家"的循循引诱下
A 同学输入了银行账号和密码。当"店

图3-4　网上诈骗

家"询问其卡上余额时，A 同学微有纳闷，但仍未怀疑。当收到银行的验证
信息"尾号为xx的卡将支出xx元"时，A 同学略有迟疑，在反问对方未成功
和压力式"逼问"下，A 同学一烦躁便将验证码脱口而出。最后，A 同学银
行卡被扣除 800 元，仅剩 20 多块钱。

（四）借贷为名，骗钱为实

"校园贷"作为互联网时代的新兴产物，为尚未具备收入自足能力的学
生打开了一扇"经济解困"的窗。然而高利息也意味着高风险，尤其是不少
学生遭遇骗贷，无辜背上数万元贷款，这对涉世未深的学生来说是一场灾难。

（五）以次充好，恶意行骗

一些骗子利用学生"识货"经验少又渴求物美价廉的特点，上门推销各
种产品而使学生上当受骗。例如将废旧手机或手提电脑重新包装后，向学生
兜售，骗取学生财物等。

（六）中奖诱饵，短信诈骗

作案人善于揣摩施骗对象的心理需求，抓住受害人思想单纯、贪图私利
的心理弱点，大肆发送中奖、办证、出售走私轿车、假票据等假信息，设下
圈套，骗取钱财。

案例： 学生刘某收到一条短信："香港某某公司在摇奖活动中，你的手
机号中了二等奖，奖品是一台手提电脑，具体事宜与张小姐联系，她的联系
手机号是138……"该同学信以为真，便与张小姐联系，张小姐说："确有此
事，恭贺你中了二等奖，你先交纳 5000 元个人所得税。"该同学按对方提供
的账号汇去了 5000 元的现金。当对方收到 5000 元"所得税"后，又打电话
来说："对不起，你的奖项搞错了，你中的是特等奖，奖项是一辆奥迪轿车，
价值 20 多万。如你不需要，我们可为你代卖，但需汇手续费、过户费9000

元。"该同学心动了，便又向同班同学借了 9000 元汇去。没过多久，再打对方手机询问情况时，对方手机总是关机，这时他才发觉上当受骗，急忙到保卫处报案。

（七）招聘为名，设置骗局

1. 垃圾式骗局

招聘广告贴在马路边、电线杆、私人民宅以及劳动力市场的外墙上，大多是为了捞取报名费。凡应聘时，招聘单位提出收取服装费、押金，或以其他方式变相收钱的，都是非法的，很可能是个骗局，求职者可向劳动监察部门举报。另外，遭遇诈骗后要及时报案，否则不仅本人的损失难以挽回，还会让更多人上当。

2. 高薪骗局

许多学生都想趁着假期外出打工或做个兼职，挣一笔钱、积累工作经验，提前感受社会。然而，由于缺乏工作经历和社会阅历，他们在寻找兼职时，很容易被高薪酬吸引，而高薪的背后往往是精心设计的骗局。学生在找兼职时，一定要注重信息来源，要有验证招聘信息真实性的意识。另外，学校要组织相关的安全培训，建议准备打工的学生增强辨识虚假信息的能力，掌握保护人身财产安全的方法。

3. 黑心求职中介

一些求职中介声称只要交钱或者办卡就可以替求职者找到实习单位，还有的甚至承诺能帮助进五百强、名企实习，然而只要交了钱，却发现根本没有实习单位，如果求职者有疑问，也只是介绍到其他皮包公司，很不靠谱。

4. 培训骗局

一些公司在招聘时告诉求职者，要培训合格拿到证书后才能上岗，而求职者交了培训费、考试费等种种费用，经过了一段时间像模像样的培训和考试后，就陷入了漫长的等待。过了一段时间，可能被告知"很遗憾，考试未通过，不能上岗"，或电话根本打不通，公司不知去向，还有一些求职者拿到了证书，但根本就是伪造或是早已废弃的证书。

5. 协议骗局

就业协议书是毕业生和用人单位在正式确定劳动关系前达成的书面协议。对于已经签订过就业协议的毕业生，在其正式报到时，双方应及时订立劳动合同并办理有关录用手续。一旦劳动合同签订并生效，就业协议也就相应终止。对于实习生来说，由于仍属于在校生，不能与用人单位签订劳动合同，建议签订实习协议。实习协议中应当写明实习薪资、实习期限、终止协议的相关条款等。如果用人单位违约，拖欠工资，可以将实习协议作为证据提起劳动仲裁，维护自身的合法权益。

（八）借同情心，骗取钱财

曾经有过类似被骗经历的王同学回忆，当时一名年轻女子说迷路了、钱包也丢了，希望能借他的银行卡让朋友打钱过来。王同学把卡号告知女子，随后又先后三次在女子陪同下去 ATM 机上查账，最后都没有收到转账，没想到两天后，卡里 1000 元钱被人取走了。"可能是女子记下了我的卡号和密码，后面又复制了一张银行卡。"王同学说。

体 验 活 动

引以为诫：生活中，你还听说过哪些诈骗案例呢？如果你是家长，你如何告诫自己的孩子防止受骗呢？

二、学生受骗原因

（一）思想单纯，分辨能力差

很多同学都有"十年寒窗"的经历，与社会接触较少，思想单纯，对一些人或者事缺乏应有的分辨能力，更缺乏刨根问底的习惯，对于事物的分析往往停留在表象上，或根本就不去分析而使诈骗分子有可乘之机。

（二）同情心作祟

帮助有困难的人是我国的优良传统，但如果不假思索去"帮"一个不相识或相识不久的人，这是很危险的。遗憾的是，不少学生就是凭着这种幼稚、不作分析的同情、怜悯之心，一遇上那些自称走投无路急需帮助的"落难者"，往往就会被他们的花言巧语所蒙蔽，继而"慷慨解囊"，自以为做了一件好事，殊不知已落入骗子设下的圈套。

（三）有求于人，粗心大意

每个人都免不了有向他人求助的事，但关键是要了解对方的人品和身份。有些同学在有求于人而有人愿"帮忙"时，往往是急不可待，完全放松了警惕，对于对方提出的要求，常常是唯命是从，很"积极自觉"地满足对方的要求，进而铸成大错。

（四）贪小便宜，急功近利

贪心是受害者最大的心理缺点，很多诈骗分子之所以屡骗屡成，很大程度上也正是利用人们的这种不良心态。受害者往往是为诈骗分子开出的"好处""利益"所深深吸引，见"利"就上，趋之若鹜，对于诈骗分子的所作所为不加深思和分析，不作深入的调查研究，最后落得个"捡了芝麻，丢了西瓜"的可悲下场。

三、诈骗防骗策略

（一）提高防骗意识

"害人之心不可有，防人之心不可无。" 同学们涉世不深，从小都是接受正面教育，人与人之间应如何相互信任、互相关心、互相帮助等，所以害人之心不存在，防人之心也没有。"防人"并不是要搞得人心惶惶，关键是遇人遇事应有清醒的认识，对任何人，尤其是陌生人，不要因为对方说了什么好话、许诺了什么好处就轻信和盲从。要懂得调查和思考，在此基础上作出正确的反应。

技工院校学生，不仅要有学习知识的能力，还应有一定的辩证思维的能力，要理智地分析，能够识别是非好坏，有一定的防范心理，就不会轻易上当受骗。当然也不能因此就过多防范，对任何人都不再相信，关键还是要分清真伪。

（二）忌贪便宜

诈骗分子行骗的过程可分为两个阶段：一是博得信任；二是骗取对方财物。对于行骗者和受害者来说，第一阶段都是最重要的，也是行骗者行为表现得最为突出的阶段。对飞来的"横财"和"好处"，特别是不很熟悉的人所许诺的利益，要进行深思和调查，要知道，天上是不会掉下馅饼的。虽然行骗手段多种多样，但只要我们树立较强的反诈骗意识，克服内心的一些不良心理，保持应有的清醒，做到"三思而后行，三查而后行"，在绝大多数情况下是可以避免上当受骗的。

俗话说得好："讨小便宜吃大亏。"生活中很多骗局，都是从我们的贪小便宜心理开始的。手机扫码领取小礼品、超市门口留手机号可以赠送鸡蛋等，都有可能使我们的信息泄露。建议同学们出门别因贪图小恩小惠便预留自己的身份证号、手机号以及银行账号等。手机、银行卡以及身份证丢失后，记得第一时间报停和挂失，以免被非法分子利用。同时还要做到以下几点：

1. 身份证、银行卡、手机等不随意外借，尤其是新认识的朋友或者同事；

2. 不随意扫陌生二维码、不随意留手机号、不随意注册不用的 APP 等；

3. 有关汇钱的短信、微信以及电话，在自己不知情的情况下发生的事情，要第一时间跟自己的家人商量核实。如果情况不属实，记得及时报警。

（三）不感情用事

诈骗分子的最终目的是骗取钱财，并且是在尽可能短的时间内骗走。因此，对于表面上讲"感情""哥们义气"的诈骗分子，若对你提出钱财方面的要求，切不可被感情的表象所蒙蔽，不要一味"跟着感觉走"而缺乏理智。要学会"听、观、辨"，即听其言、观其色、辨其行，要懂得用理智去分析问题，最好能对比一下在常理下应作出的反应。

（四）注意"能人"

对过于主动夸奖自己有"本事"或"能耐"的人，或者过于热情地希望"帮助"你解决困难的人，要特别注意。那些自称名流、能人的诈骗分子，为了能更快地取得你的信任，以达到其不可告人的目的，大多都会主动地在你面前炫耀自己的"本事"，说自己是如何了得、取得了什么成就，而且他正在运用他的"本事""能耐"为你解决困难或满足你的请求。

同学们在各种交往活动中必须牢牢把握交往的原则和尺度，克服一些主观上的心理感觉，避免以貌取人。具体地说，不能单凭对方的言谈举止、仪表风度、衣着打扮等第一印象，即"首因效应"妄下判断，轻信他人；不能只认服饰、只认身份、只认名气，而不认品德、不认才学、不辨真假，应更多地进行实质考察和分析，不被表面现象所蒙蔽。

诈骗分子总是心虚的，同学们在交往过程中一旦发现对方有疑点，就应当果断采取应对措施，切不可轻率从事，以免受骗。在发现对方疑点时，要保持清醒的头脑，认真仔细地观察对方的神态和举止动作的变化，看对方的言谈、所持的证件以及有关材料与其身份是否吻合，以此识别真假。必要时可以找同学或相关人员商量，听取他人的意见和忠告，或者通过对方提供的电话、资料以查证核实。在发现疑点无法确定真假而又不愿意轻易拒绝时，要有礼有节，采取一定的谈话、交往策略，注意在交锋中发现破绽，通过与其周旋验证自己的猜测。必要时，还可以采取一些威吓的言辞，使对方心存顾忌，不敢贸然行事。

四、受骗后的处置

发现受骗后，受害人无论是否因为自己的过错（如贪财、无知、轻信、粗心大意等）而受骗，都要保持积极的心态，从受骗的噩梦中回到现实，吸取教训。及时向有关部门报告，切勿"哑巴吃黄连，有苦肚里咽"。

已经被骗并向有关部门报告的，要注意对作案人员遗留下来的文字资料、身份证件、电话号码等证据予以保留，积极向学校保卫部门和公安机关提供诈骗嫌疑人的体貌特征、与其交往的经过等线索，配合调查，追缴被骗的财物。如此即使财物不能追回或不能全部追回，也会对以后防范或破获此类案件有较大帮助。如果自认倒霉，瞒案不报，只会助长诈骗分子的嚣张气焰。

如何识别诈骗骗局

1. 公检法诈骗识别技能

一般骗子都会通过打电话的方式联系受害者，冒充公检法的工作人员，以电话或银行卡欠费、法院传票、车辆违章、异地电卡欠费等为由头，称事主身份信息被盗用，且涉嫌洗钱、涉黑和诈骗等犯罪。

图3-5 提防电信诈骗海报

取得受害者信任之后，骗子会要求受害者向指定账户中转账。如果遇到此类诈骗，不要慌忙转账，也不要轻信对方的"不许报警"，想办法取得对方的联系方式以及诈骗证据，然后报警。

2. 医保、社保诈骗识别技能

此类诈骗一般以"4""6"等开头，貌似客服电话或者陌生手机号码来电，告诉大家社保卡出现异常需要立即冻结等。注意：我国人社部门警告大家，人社局或社保中心不是商业机构，没有客服电话；其次，即使市民卡有异常，人社部门也不会通过电话直接通知本人；其三，如果您的市民卡医保功能不能使用（在医院或药店不能刷卡），请拨打12333进行查询。

3. 金融诈骗识别技能

金融诈骗平台往往打出40%至60%的投资回报率吸引投资者。此类网络投资诈骗犯罪一般采用公司化运作，往往打着合法公司的招牌，勾结网络软件公司在互联网上搭建虚假的大宗商品、农产品、贵金属、证券等交易平台，虚构物品、证券交易，以高额回报为诱饵诱骗客户投资。所以，建议所有的投资者通过正规的网站进行投资，切莫贪图高收益。

4. 刷卡消费诈骗识别技能

平时生活中刷卡消费可能泄露个人信息，不法分子会通过制造伪卡、失窃卡盗刷、网络诈骗等方式让消费者把钱打入所谓的"安全账户"，也有诈骗团伙利用网络技术将电话号码伪装成"银行客服电话"，从而达到诈骗效果。遇到此类电话，消费者千万不能告诉对方任何账号或者密码，包括短信验证码等；其次，请尽快到银行更改自己的银行密码，必要时，请及时报警！

5. 盗QQ、微信账号冒充亲友诈骗识别技能

当QQ或者微信里收到有关借钱的信息时，千万不要及时打钱给对方，先跟本人通过打电话等方式取得沟通，如果对方的电话联系不上，这时你就应该小心啦！

6. 信用卡诈骗识别技能

小心每一个打电话办理信用卡的人，很多非法分子假冒银行工作人员，利用手机打电话的方式，以代办额度不小的信用卡为由收取代办费，再以激活信用卡为由收取开通费等，最终卡没收到，费用却被骗了不少。

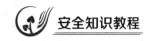

第三节　防抢劫

　　1月的一天上午，小王到青岛市市北公安局小港派出所报警，称自己被抢劫。小王通过某交友软件认识了一个名叫"大龙"的男网友，约好小王从安徽乘车到青岛新疆路某酒店碰头。见面后，二人在酒店房间聊天，大龙给小王冲了一杯咖啡，小王喝了以后就昏迷不醒。沉睡一天一夜后，小王发现大龙早已不见踪影，自己的手机也被对方拿走。

　　经查，他们聊天使用的软件属于非实名认证，不但网友身份无法核实，就连手机号码都不能准确查询，并且嫌疑人已经在聊天软件中将小王删除，从软件层面已经很难查找到有效线索。酒店监控显示，小王向嫌疑人发送位置信息后，大约过了半个小时，一辆黑色SUV停在路边，开车的男青年戴帽子，始终低头走路，监控没法拍到他的面部特征。作案结束逃离现场时，他依旧将自己包裹严实。民警勘查房间时发现，嫌疑人作案后将房间内的水杯冲刷干净，垃圾袋等物品也全部带走了。民警根据驾车来往路线，很快锁定了嫌疑车辆。经查实，车主徐某是个体经商者。打印出徐某照片后，经过小王辨认，确认他就是"大龙"。

　　1月20日晚，民警在徐某居住小区楼下将其抓获，从他的背包内查获强效安眠药一盒。经过突审，徐某对其实施麻醉抢劫的犯罪事实供认不讳。据徐某交代，他曾在国外留学多年，回国后自己经商。为了图刺激，徐某频繁在交友软件中约各地网友见面。因为自己有失眠的毛病，他经常随身携带安眠药。在某次与网友见面期间，徐某突发奇想，将安眠药混在对方饮料中，待对方昏睡后，徐某翻看对方手机，临走时还将手机顺走了。徐某交代自己还曾在李沧等地以相同手法抢得手机两部，多次作案所得手机均被他低价卖给回收商。

　　抢夺是指以非法占有为目的，乘人不备，公然夺取公私财物的行为。抢劫是指是以非法占有为目的，对财物的所有人、保管人使用暴力、胁迫或其他方法，强行将公私财物抢走的行为。抢夺抢劫是公共场所容易发生的案件，具有较大的危害性，往往易转化为凶杀、伤害、强奸等恶性案件，严重侵犯学生的财产及人身权利，威胁生命安全，造成生命、健康及精神上的损失。

一、校园抢劫的特点

(一) 时间上的规律性

抢劫案一般发生在行人稀少、夜深人静及学校开学特别是新生入学时。

案例： 2017 年中秋节晚上，刘某、赵某从网吧出来，他们囊中羞涩，打算弄点钱花。在准备好作案工具后，他们便将作案地点选在了比较偏僻的热电厂附近。由于夜深人静，很少有人出没，在凌晨 1 点多钟，他们终于发现有两名类似学生模样的人走过来，两人互相搀扶，其中一人连走带吐，像是喝醉了酒。当刘某、赵某亮出尖刀，进行言语恐吓后，两名学生已经酒醒大半，但却被眼前的架势吓坏了，任由他们随意搜刮。刘某、赵某搜走两部手机和 200 多元现金后，仓皇逃窜。两名学生中，其中一人离家不远，他急忙跑回家中，家长得知情况后立刻报了警。

(二) 地点上的隐蔽性

抢劫犯罪分子作案，一般选择较为偏僻或校园周边地形复杂、人少及夜间无路灯的地段。

案例： 某校学生小王下晚自习独自走在回宿舍的路上，两名男子突然从路旁的小树林里冲出，一人从背后捂住她的嘴，另一人则拿刀恐吓她。小王被吓坏了，不敢反抗。两名罪犯迅速夺过小王的手机和包，并且在骂骂咧咧中猖狂离去。

在小王去保卫处报案的同时，又有一名女生前来报案，被抢地点还是在那条路上。

图 3-6 抢劫

(三) 目标上的选择性

犯罪分子抢劫的目标是穿着时髦、携带贵重物品、单身行走的人等。

(四) 人员上的团伙性

为了抢劫财物这一共同目的，一些犯罪分子往往臭味相投，三五成群，结成团伙，共同实施抢劫。

案例：2013 年 3 月 12 日，湖南省常德市鼎城区公安局成功打掉一个抢劫犯罪团伙，抓获 6 名团伙成员，破获 6 起抢劫案。2012 年 12 月至 2013 年 1 月，鼎城区武陵镇城区连续发生多起针对在校学生的恶性抢劫案件，造成多名学生受伤、手机被抢、现金被劫。该局武陵镇派出所组织精干警力开展侦查工作，经过三个多月的缜密侦查，一名重大嫌疑对象侯某（男，18 岁，汉寿县人）出现在办案民警的视线之中。3 月 12 日，民警精心组织抓捕行动，在鼎城区九中门口将侯某一举抓获。随后，通过进一步侦查，民警将其余五名涉案团伙成员悉数抓获。经讯问，六名犯罪嫌疑人对策划并实施对在校学生抢劫作案的犯罪事实供认不讳。

（五）手段上的多样性

犯罪分子实施抢劫，通常抓住部分学生胆小怕事的心理，实施威迫型抢劫；利用部分学生的单纯幼稚，实施诱骗型抢劫；利用学生热情好客的特点，实施麻醉型抢劫。

案例：某女生假期在互联网站上发布应聘家教信息。在接到雇主电话后，她来到某小区。雇主王某通过恐吓、殴打等方式，在抢走其随身携带的钱后，又逼迫受害人到附近的自助银行将卡里的钱全部取走。经查，王某游手好闲，整天上网，由于最近手头紧张，想弄点钱花。上网时看到了受害人的求职信息，遂以孩子补习为名将受害人骗至家中。

二、防抢劫的措施

（一）增强防范意识

1. 要增强自我防范意识，保护好所有私人信息，不要在公共场所夸大、炫耀自我或财富。不外露或向人炫耀随身携带的贵重物品，单独外出不轻易带过多的现金。

2. 严格遵守学校的安全规定，并自觉落实到具体的行动中，不给犯罪分子以可乘之机。

3. 尽量不要独自外出，注意结伴而行。

4. 不要独自在偏远、阴暗的林间小道和山路上行走，不到行人稀少、环境阴暗或偏僻的地方，尽量避免深夜滞留在外不归或晚归。

5. 穿戴适宜，尽量使自己活动方便。

6. 在偏僻处时，要习惯性后顾一下，防止有陌生人尾随实施抢夺抢劫。

（二）加强自我保护

1. 公共汽车上、商场内或排队拥挤时，注意把包放好或放在胸前，防止被盗或被抢。

2. 骑自行车或摩托车时，要将放在篓内的包带在车把上绕两周，防止抢包；喜爱挎包的同学最好左肩右挎或右肩左挎，不要单肩背包；购物时要将包从车篓内拿出，切莫怕麻烦而出现被盗。当遇到所骑自行车后轮被人插入铁丝或其他障碍物须下车排除故障时，要注意看好车篓内的包和其他物品，防止坏人趁机抢包作案。

3. 遇到警察查验身份时，要知道正式警察一般情况下都会着警服或有校方人员陪同，必要时可先向对方要求出示警官证，防止坏人冒充警察抢夺抢劫作案。

4. 到银行存取款应结伴而去；输入密码时，应防止他人窥探；不要随手扔掉填写有误的存、取款单；离开银行时，应警惕是否有可疑人员尾随。

5. 检查加固宿舍门窗，对上门的陌生人要严加盘问，不要随便开门。若只有一人在宿舍，不可盲目接待，以防发生入室抢劫案件。对陌生人不要过于亲近，不要让陌生人知道你带有巨款和贵重首饰等，也不要接受陌生人请吃的东西。

6. 不捡拾不属于你的物品等。

7. 发现有人尾随或窥视时，不要紧张，不要露出胆怯神态，可回头多盯对方几眼，或哼首歌曲，并改变原路线，朝有人、有灯的地方走，或打电话通知人接护。

8. 夜间外出尽量向有人、有灯光的地方行走，遇有可疑人跟踪，可大声呼叫同学、老师的名字。

场景模拟：如果你被坏人尾随了，你会怎么办呢？

三、遭抢时的危机应对

一旦遭遇抢夺抢劫，同学们要保持精神上的镇定和心理上的平静，克服畏惧、恐慌等情绪，冷静分析自己所处的环境，对比双方的力量，针对不同的情况采取不同的对策。

（一）寻机反抗，尽量抗衡

分析情势，如具备反抗的能力或时机，应及时发起攻势，促使嫌疑人自动放弃，逃离现场。仔细观察环境，借助有利地形，寻找自卫工具与作案人抗衡，使作案人短时间内无法近身，以引来援助者并给作案人造成心理上的压力。

图 3-7　危机应对

（二）巧妙周旋，寻机逃跑

当在作案人的控制之下无法反抗且暂时无法逃脱时，要保持镇定，不可一味地妥协求饶。可采用语言反抗法，对作案人进行说服教育，在心理上造成作案人的恐慌；也可采用幽默放松的方式，表明自己已交出全部财物，并无反抗的意图，使作案人放松警惕，看准时机反抗或逃脱。如发现与嫌疑人实力悬殊较大且无法抗衡时，可看准时机向有人、有灯光的地方或宿舍区奔跑，并边跑边呼救，争取别人援助，同时震慑案犯。

（三）巧留线索，刻记特征

趁作案人不注意时在其身上留下暗记，如在其衣服上擦点灰尘，或在其口袋中装点小物件，在其得逞后尾随其后，看准去向，寻机报案。冷静观察，注意捕捉抢劫、抢夺者的各种特征，如身高、年龄、体态、发型、衣着、胡须、疤痕、语言、行为等特征。

（四）及时报案，协助擒凶

一旦遭抢后，一定要及时报案，这一点是非常重要的，这不但是为了保护自己，也是保护他人。作案人得逞后，有可能继续寻找下一个抢劫目标，也可能就要在附近的商店、餐厅挥霍。各学校一般都有较为严密的防范机制，并有公安机关的密切配合，如能及时报案，准确描述作案人特征，有利于有关部门及时组织力量，抓获作案人。

（五）铭记技巧，大声呼救

无论在什么情况下，只要有可能，就要大声呼救或故意高声与作案人说话，设法让附近人知情、帮助报警或喊人援助。

单独外出打车七条安全须知

1. 到主路上打行驶中的空车。打车时最好走到主路上，有作祟心理的人一般不敢在光天化日之下行动；尽量打行驶中的空车，避免遇到借出租车蹲点的犯罪分子。

2. 观察司机的相貌特征、性情特点。打车时，不能见空车就上，还需要观察一下车和司机，选择面善和蔼的司机、证件齐全的出租车。女性晚间打车时，可以的话尽量选择女司机。

3. 上车记下车牌号。自己独自特别是在晚上打车时，要注意记下车牌号，上车后给家里人打个电话，告诉他们车牌号，方便的话出来接一下。司机即使有些想法，听到你这么说，也不敢铤而走险了。

4. 上车后坐在后排左边位置。首先，万一发生交通事故，后排左边位置（司机后面的位置）相比副驾驶和后排右边位置要安全许多；其次，在这个位置，司机如果产生歹念，发动袭击最不方便。

5. 不露财、不高调。相比而言，针对女性的犯罪中偶发性犯罪的比例较高。很多犯罪一开始都是没有预谋的，但某些特殊情况可能激起对方的犯罪欲望，从而实施犯罪行为，比如说衣着过于暴露、露出大量钱财等。

6. 随时注意行车路线。很多人上车后就自顾自地玩手机、闭眼睡觉等，如果司机有歹意，把你拉到偏僻地方你还一无所知。所以，上车后要打起精神，注意观察司机走的路线，发现不对的地方随时提出来。

7. 不坐"黑车"、不与陌生人拼车。许多"黑车"为报废、改装、拼装的残破车辆，加上司机未经上岗培训，安全系数较低。一旦发生交通事故等纠纷，有的车主为了逃避赔偿责任，便会弃车藏匿，伤者无法获得赔偿金。此外，"黑车"敲诈勒索事件时有发生，乘客人身权益无法保障。与陌生人拼车，对他的信息不是很了解，有潜在风险。

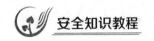

第四节　远离传销

案 例 导 读

　　某校一男生冯某某1月8日接到原高中同学从广东东莞打来的电话，称："我单位急需一名电脑制图工，月薪2500元，你可利用寒假到我处打工。"冯某某考虑到自己家住农村，家庭经济十分困难，母亲常年患病卧床不起，妹妹辍学在家，寒假能挣2500元，也能减轻点家庭负担。冯某某便乘火车到达广东东莞，被传销人员软禁，收取了身份证和手机，并对其进行一系列传销的"洗脑教育"，然后胁迫冯某某打电话给家里，谎称已转学到广东中山大学，需交12000元转学费。冯某某父亲接电话后，心里十分着急，儿子转学未和家里商量，怎么突然在寒假期间转学呢？再则家里穷得叮当响，哪有这么多现金，打电话询问，不是打不通就是未等将情况说清楚，对方即将电话挂断。父亲找到学校询问情况，才知根本没有此事，判定是儿子受骗落入传销网络。可怜天下父母心，在万般无奈的情况下，冯某某父亲向公安机关报警。公安机关高度重视，派员到广东东莞去寻找，请广东东莞公安机关协查。经过十多天的寻找和联系，冯某某方才得以脱身，于2月24日在父亲陪同下回到学校。冯某某父亲为寻找儿子花费了三万多元，这对十分困难的家境无疑是雪上加霜。

　　传销是指组织者或者经营者发展人员，通过对被发展人员以其直接或者间接发展的人员数量或者销售业绩为依据计算和给付报酬，或者要求被发展人员以交纳一定费用为条件取得加入资格等方式获得财富的违法行为。传销的本质是"庞氏骗局"，即以后来者的钱发前面人的收益。传销的另一个说法是"杀熟"，通常是被熟人所骗，被同学、亲友、老乡等拉去做了传销，先交一笔高昂的钱，买个不值钱的产品，然后再去骗自己的熟人也买产品。

一、传销的行为方式

　　识别传销，需要看三个特征：第一，缴纳入门费取得加入资格；第二，发展下线组成层级关系；第三，层层返利形成多层次计酬。不管是产品传销还是微商变传销，只要同时具备这三个特征就是传销。

传销多是异地聚集，分南北两派：南派靠的就是洗脑，然后让你交钱、拉人头，这个时候即便是反悔了，好多人因为无法面对亲朋好友，也难以脱身；北派则会控制人身自由，控制你的通讯，以各种理由和家里要钱。新型传销方式：不限制人身自由，不收身份证、手机，不集体上大课，而是以资本运作为旗号拉人骗钱，利用开豪车、穿金戴银等，用金钱吸引，让你的亲朋好友加入，最后让你达到血本无归的地步。

知 识 链 接

我国《刑法》规定：组织、领导以推销商品、提供服务等经营活动为名，要求参加者以缴纳费用或者购买商品、服务等方式获得加入资格，并按照一定顺序组成层级，直接或者间接以发展人员的数量作为计酬或者返利依据，引诱、胁迫参加者继续发展他人参加，骗取财物，扰乱经济社会秩序的传销活动的，处五年以下有期徒刑或者拘役，并处罚金；情节严重的，处五年以上有期徒刑，并处罚金。

图 3-8 传销

二、传销的危害

（一）严重扰乱市场经济秩序

1. 传销涉及地区广、人员多、资金大，很多传销组织制造和兜售的都是假冒伪劣产品，且高价骗售，严重危害消费者权益和健康。为了兜售产品，手段无所不用其极，祸害各行各业。

2. 传销活动把大量社会人员卷进去，大量资金和资源被集中到骗局的金字塔顶尖，被组织者肆意挥霍，导致大量参与者家庭破产，企业荒废甚至破产，浪费大量人力资源和社会资源。特别是被卷进去的企业主，疏于对企业管理，产品质量不过关，祸害消费者，一旦企业破产，将导致大量工人失业，严重影响社会经济发展。

（二）扰乱社会治安，严重影响群众的正常生活秩序和生命财产安全

1. 传销参与者往往会诈骗自己的人脉圈和关系网，导致人际网里的众多家庭被卷进去，使这些家庭损失巨额钱财，朋友成仇，夫妻陌路，父子反目，兄弟相残，甚至家破人亡。这些家庭受到巨大伤害，给家庭所在的社区形成不良社会影响，冲击社会稳定。

2. 各种传销组织对参与者的人身自由管制，往往会引发大量暴力杀人伤人案件。同时，传销失败者往往因为生活等原因，采取抢劫偷盗等方式解决临时困难。由于传销洗脑效应，在作案过程中通常会无所顾忌，极其凶毒，很容易杀人和误伤无辜。

3. 传销组织里扭曲的价值观、成功观、就业观、财富观成为贻害广大青年的毒瘤，传销组织恶意丑化政府和执法人员，夸大社会阴暗面，使得社会矛盾更加激化。

据统计，2018 年涉传案件增幅较上年加大，2017 年度，中国已经审判的组织、领导传销活动罪案件共计 2140 件，比 2016 年（2079 件）案件总量增长 2%，2018 年（2286 件）比 2017 年案件数量增长 4%。同时，因传销引起家破人亡的惨剧时有发生，给不少家庭造成巨大伤害。

案例：2016 年 5 月 13 日，河南省郑州市辛某（女）被传销人员李某骗到位于静海区某庄村由被告人赵某等人管理的一传销窝点。为了让辛某加入传销组织，寝室长高某指使王某、张某等传销人员，采取没收手机、锁门、跟随、轮流看管等方式对辛某的人身自由进行限制。同年 5 月 15 日，辛某身体不适出现呕吐现象，但王某等人未及时采取有效方法为辛某送医诊治，致 5 月 16 日辛某病情恶化，后其他传销人员将辛某送往静海区医院。经诊断，辛某在到医院之前已经死亡。经鉴定，辛某符合糖尿病死亡，异物吸入可以促进其死亡；糖尿病导致身体机能下降，与血糖控制、是否及时就医等因素有关。

（三）危害国家安全和政治稳定

1. 被骗参与传销者多为中低收入者，退休、下岗或无业人员、农民、在校学生、少数民族群众等，骗得这些人家财散尽、家徒四壁、老无所养、病无所依。大量的受害者产生，最终影响国家的安全和稳定。

2. 传销组织者对参与人员反复"洗脑"，进行精神控制，唆使参与人员阻挠、对抗执法部门，暴力对抗和攻击工商、公安等执法部门和执法人员，为了掩盖传销真相，引发大量群体性事件，激化社会矛盾。

3. 传销组织者的行为理论的荒谬性，具有邪教本质。长期处于高度兴奋的参与人员，极容易被煽动，扰乱社会秩序。部分传销组织与黑社会勾结，暗中保护传销组织的不断壮大。控制传销参与人员的正常人身自由，极容易被黑恶势力、邪教组织，以及在政治上别有用心的人利用。

（四）破坏社会的道德基础和诚信体系，动摇社会和谐稳定的基石

1. 血缘、地缘和业缘关系是社会关系的重要基础，由此产生的亲情、乡情和友情是社会和谐稳定的润滑剂。传销参与者为骗钱不惜将朋友甚至父母、配偶、亲戚都拉入传销"泥潭"，导致人与人、人与社会间的信任度严重下降，极大地破坏了社会诚信道德体系。

2. 传销助长和膨胀了一些人不劳而获、一夜暴富的心态。传销组织通过编造谎言，让不少急于求富的人萌生幻想，相信天上会掉馅饼，导致落入传销陷阱而难以自拔。

3. 由于传销有一定的地域特性，这会导致人们误解传销发生地，引起现实生活和网络里人们的地域攻击，造成严重的社会裂痕和地域感情分裂。

（五）具有很强的传播性，极易复制

传销的组织者、策划者在获得暴利后，或者是遭到打击时，带领下线重起炉灶，另立山头，重新骗人。

三、传销的防范及应对

（一）预防卷入非法传销组织

1. 思想意识上，摆正心态，不要梦想一夜暴富。掌握识别传销的基本知识，树立勤劳致富、传销违法、拒绝传销的防范意识。

2. 不见兔子不撒鹰。所有传销公司都是为了一个字："钱"。你凭什么给他钱，一定想清楚：是他有你需要的产品？还是他有你需要的服务？都没有，只是为了他能给你一个事业。如果是这样，那么，你就该问他要钱了。

3. 一切关系的建立都要签订合同。正规公司都会签订合同，同时，签订合同时一定要看清相应的条款和内容，不能被卖了还在给别人数钱。如果不签订任何合同，就需要当心了。

4. 不要感情用事。传销公司一般是熟人找熟人。如果有亲戚、同学和朋友以帮你在外地找工作发财为由，邀请你和他共创一番事业，一定要提高警惕。如果坚持要去，一定要请对方讲明工作单位名称、地点、联系电话等，然后上网或打电话查实。

5. 审查资质。一般可以结合以下方式来证实：从网上查询；从其营业地的工商部门查询；要求对方出示营业执照和组织机构代码证书；要求对方出示开户许可证书；要求对方出示税务登记证书和代理授权书。如果有条件，在正式入职以前，可以先自己实地考察或者托朋友进行考察。

（二）逃离传销组织的方法

1. 身上有钱。一旦意识到已经进入了传销组织，要在适当的时候将身上的钱分开放置，以防止有机会逃脱时却无钱买票。

2. 设法自救。想方设法使传销组织放松对自己的警惕，可以以回家取钱、装病需要就医、上厕所时偷偷写好求救纸条，趁人不备从窗户扔纸条求救等方式设法逃出，如果传销组织要求你的父母将钱打到卡里，可以以自己父母不识字、不会操作银行卡为由，坚持回家取，争取逃出的机会。不提倡从高层跳楼、绝食等危及个人生命的反抗方式。

3. 记住地址，伺机报警。要掌握自己所处的具体位置，包括楼栋号、门牌号等。如果无法得知自己的具体位置，可看附近有无标志性建筑。想方设法告诉家里人或者学校的老师、同学自己被困的地点，条件允许的情况下可以报警求助，或者在交通便利的地方坐车逃走。

4. 注意交谈技巧。在与对方的交谈中，要让传销人员意识到家里人和校方找到你的决心，因为一般传销组织不想扩大事态。但一定要避免与他们发生正面冲突，防止打骂或者极端行为，危及人身安全。

图 3-9　打击传销

演讲：正确的"财富观、价值观"演讲活动。

新型传销十大主要表现形式

1. 打着"国家扶持""有政府背景"等旗号，以"连锁销售""连锁加盟""投资开发""资本运作"等为幌子，以考察、旅游、加盟等方式，从事传销活动。目前国内典型的有"1040传销"，要求参与人员缴纳3800元至6.98万元不等的"入门费"，鼓吹通过发展下线人员，最高可获返利1040万元。

2. 打着"国家扶贫项目""好项目产业大联盟""农业发展平台"等旗号，以"发展代理""建立工作站"等方式，从事传销活动。

3. 借助销售保健品、化妆品等为名，实际上是利用拉人头、以人头数量计算报酬的传销骗局。

4. 打着"电子商务"的旗号，先注册一个电子商务企业，再以此名义建立一个电子商务网站，以"网购""网络营销""网络直购""网点加盟"等形式从事网络传销活动。

5. 宣传"免费获利""增值消费""消费不用花钱，免费购买商品""消费增值""循环消费""消费多少返多少"等，实际是拉人头诱骗人们参加传销活动。

6. 以创业投资为由头，以"在家创业""网络创业""网络资本运作""网络投资""原始股投资""基金发售"为诱饵，欺骗、引诱年轻人上当。

7. 以玩网络游戏、网上博彩为名，发展会员从事"游戏股票""幸运博彩"等游戏充值卡，以直销奖、销售奖为诱饵发展下线。

8. 打着"慈善救助""爱心互助"等幌子，以"做慈善事业，筑和谐家园""爱心资助贫困学子""消费养老"等形式，欺骗善良的群众上当受骗。

9. 打着"微信营销"的旗号，以微信、微商为平台，采取夸大宣传、造假炫富等方式，诱骗"微信朋友圈"的亲朋好友，以商品零售为幌子，实际是以发展下级代理商的形式从事网络传销。

10. 打着"旅游直销""免费旅游"的旗号，以"免费旅游""边旅游边赚钱"等噱头，通过加手机微信好友的形式发展下线，拉群众入会交费，从事网络传销。

■ **复习思考题：**

1. 以小组为单位讨论，并提出合理化建议：说说自己如何保管财物，互相分析其中存在的问题，如何纠正？

2. 说说自己有无被骗的经历？为何被骗？如何识破诈骗陷阱？

3. 一旦遭遇抢劫抢夺时，你会采取什么措施？

4. 讲讲你身边误入传销组织案例，并分析其原因。

第四章　心理安全

　　心理健康是快乐幸福的源泉，也是学生全面发展的基础和成才的关键。心理健康不仅会对个人、家庭产生影响，更会对整个社会及国家的发展进步产生影响。技工院校学生正处在心理生理急剧变化、迅速成熟的关键时期，人生观、世界观、价值观逐步发展成熟并走向稳定。与此同时，进入技校后他们所面对的新鲜事物迅速更新，新旧观念不断碰撞，很容易出现客观现实与自身想法不一致，心理压力无法得到释放，从而导致心理挫折以及挫败感的问题。近年来，技工院校学生生命意识淡薄、人际关系冷漠、抑郁焦虑、青春期异性交往等心理问题日渐增多，做好学生心理健康教育的宣传和预防工作成为安全教育的重要内容。

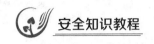

第一节 善待生命

2017 年 3 月 22 日，南方某大学一幢学生宿舍楼内，刘某持利器捅伤两名同学。刘某与同寝室的徐某有矛盾，事发前一年已独自居住，寝室另三名同学则暂住其他宿舍。当天，刘某先是用刀砍向徐某，但仅在手臂处砍出红印。隔壁宿舍的同学听到有人喊"我中刀了"，赶过来帮忙一起夺下刘某手中的刀。正当众人放松警惕时，刘某又从腰间抽出藏好的匕首，先是捅了同学陈某数刀，又捅了隔壁宿舍的梁某。另一名跑去呼救求援的同学带了人过来，大家一起制服了刘某。随后警方也赶到，伤者被送入医院抢救。可惜的是，2017 年 3 月 24 日，伤者陈某最终伤重不治，抢救 30 小时后死亡。

生命教育就是关于生命的教育，有广义和狭义之分。广义的生命教育就是以学生的生命为教育本质，使人能够充分地认识自己的内心，在教育活动开展的过程中以"人的健康生命"作为重要前提，同时也以人的健康生命作为一切教育活动的保障，因此广义的生命教育就是教育人们拥有健康的心理和身体。而狭义的生命教育是指对学生进行从小到大的生命意识和生存能力的培养和教育，从而让学生能够充分地感悟到生命的真谛，让学生认识到生命具有有限性和唯一性，从而珍惜生命，并实现生命的价值。生命教育的内容主要有生命意识教育、生命责任教育、生命价值教育、生命创新超越教育等。

一、生命教育迫在眉睫

(一) 生命意识淡薄现象直刺人心

随着我国改革开放的深入，学生作为特殊的群体，面临着学习、生活、情感、就业等各方面的压力。与此同时，随着生活水平的提高，伴随网络成长起来的年轻一代的自我中心主义、功利主义倾向明显，抗挫折能力较低，导致青少年生命意识淡薄，自杀、他杀、恶性伤害现象日趋严重。从清华女生朱令铊中毒案、清华大学刘洋硫酸泼熊案、天津医科大学马晓明杀亲案，到 2004 年的云南大学马加爵案、扬州大学秋水仙碱投毒事件，再到 2007 年中国矿业大学铊盐投毒案，药家鑫案、江歌案、北大学子弑母案……校园恶性伤害事件层出不穷，一系列校园伤害事件所表现出来的对生命的漠视直刺人心。

（二）学生人身伤害事件的主要类型

1. 心理障碍型

学生人身伤害事件的最主要原因就是个人的心理承受能力差，过度依赖父母、老师等，缺乏独立性，或者羞于向他人求助解决不了的事情而憋在心里并被无限放大，存在自卑等性格弱点。

2. 情感问题型

据某调查显示，恋爱失败是学生自杀的主要原因，同时也是校园他杀等恶性伤害事件的重要原因。

3. 学习压力型

据某调查显示，学习压力也是学生自杀的原因之一。

4. 家庭原因

家庭原因包括家长的过分监督、过分保护、严厉惩罚等。

5. 社会问题型

社会问题包括就业压力、家庭贫困、社会不公等。

二、善待生命，提高生命责任感

（一）增强生命意识

生命意识是每个生命个体对自我生命的自觉认识，它的核心是尊重、珍惜和热爱生命，其中包括对生存、安全和死亡的自觉意识。生命，是我们最常见的个体，在天上，在水下，在我们身边，在我们看不到的每一个角落。我们生活在一个生机盎然的世界中，我们对于生命已经习以为常，甚至会经常忽略它的存在，漠视它的消失。但是，你有没有

图 4-1 生命

想过这个浩瀚的宇宙中生命是多么稀缺、多么复杂、多么脆弱？你有没有认真地思考过生命只有一次的含义，真正地认识到我们来到这个世界是多么幸运？

1. 生命何其特殊

生命看似简单却是我们已知宇宙中最特殊、最复杂的个体。人类科技发展迅速，2016年6月20日，世界最快的超级计算机是由我国自主研发的"神威·太湖之光"，运算速度达到了12.5万亿亿次/秒，但我们仍然不能创造出哪怕是最简单、最低级、最初等的生命，生命的复杂超过了我们的想象。

2. 生命何其稀缺

尽管在我们身边随处可见，但也许你没有发现生命是这个广阔宇宙中最稀有的物质。宇宙有多大？大到超乎我们的想象。地球所在的太阳系位于银河系，银河系有1000亿颗像太阳这样的恒星，而整个宇宙有超过2万亿个像银河系这样的星系。在这个如此浩瀚的宇宙，地球是已知的唯一存在生命的星球。

3. 生命何其脆弱

如此复杂稀缺的生命，对每个人来讲仅有一次，同时生命又是如此的脆弱，一些不起眼的细节就会导致死亡的降临。我国每年道路交通事故死亡人数约10万，而如果正确使用安全带就可以减少57%的死亡率；每年因装修污染引起的死亡人数已达11.1万人；每年触电死亡约8000人；每年食物中毒者死亡数万……

案例：伦敦残奥会开幕式文艺表演最令人吃惊的是一开场的科学家斯蒂芬·霍金亮相"月亮舞台"，用充满探索精神的话语讲述宇宙起源："自从文明的曙光降临大地，人类便孜孜不倦地探求世界内在的规律。天地之为天地，何也？天地之所以存在，何也？即便我们找

知识最强大的敌人不是无知，而是拥有知识的幻觉。

斯蒂芬·威廉·霍金
Stephen William Hawking
1942.1.8~2018.3.14

图4-2 霍金

到了无所不能的世界万全定律，那也不过是一套毫无生气的繁文缛节。究竟是什么将生命的火种点亮？留下整个宇宙供人类冥想？"霍金的出现引起了全场6万多观众的轰动，也感动了世界。

霍金在21岁时被确诊患上了肌萎缩侧索硬化症（卢伽雷病），从此被禁

锢在轮椅上达 40 年之久。由于可怕的疾病，霍金几乎完全瘫痪，同时失去了语言能力，演讲和问答只能通过语音合成器来完成。但他身残志坚，敢于向命运挑战，成为国际物理学界最伟大的科学家。看到霍金蜷缩在轮椅上的残疾的身躯以及他眼中闪烁的智慧光芒，无数人的心被深深地震撼，生命的力量如此强大，生命的奇迹就这样被创造。一位记者曾提出这样的问题："霍金先生，卢伽雷病已经将你永远固定在了轮椅上，你不认为命运让你失去了太多吗？"当时报告厅内鸦雀无声。霍金用还能活动的三个手指艰难地敲击键盘，投影屏幕上缓慢而醒目地显示出："我的手指还能活动，我的大脑还能思考，我有终身追求的理想，有我爱和爱我的亲人和朋友，对了，我还有一颗感恩的心……"顿时，报告厅内掌声雷动。罗曼·罗兰曾说过，"世界上只有一种真正的英雄主义，那就是热爱生命。我们没有任何理由可以轻言放弃。"

（二）提高生命责任感

1. 生命的责任

生命是一种责任，与生俱来的同时又是后天萌发的责任，这种责任是对自己、对他人、对家庭、对集体、对国家和对社会所负的责任。承担和履行这种责任，人生就变得充实、亮丽和富有意义。没有了这种责任，生活就会变得无聊和荒芜。

2. 爱惜自己的生命

古人语："身体发肤，受之父母，不敢毁伤，孝之始也。"爱护自己身体的每个部位，是出于孝的理念，更是对生命的关爱与责任。

（1）增强身体健康意识。改掉不良的睡眠习惯、不规律的饮食习惯，加强体育锻炼，提高身体素质。

（2）警惕心理健康问题。一是生活适应问题，技工院校学生生活能力弱、自立能力弱的情况普遍存在；二是学业问题，主要存在部分学生学习动力不足、学习目的不明确、学习成绩不理想、学习动机功利化等现象；三是情绪问题，不少学生都不同程度地存在抑郁、焦虑、自我焦虑、考试焦虑、情绪失衡等问题；四是人际关系问题，有部分学生存在人际关系不良、社交不良、个体心灵闭锁等问题；五是情感问题，有些学生爱情、友情、亲情关系处理不好；六是网络心理问题，网络成瘾、网络依赖、网络恐惧现象在学生中屡见不鲜；七是职业心理问题，学生对职业需求模糊、职业期望过高、职业起点偏长、职业准备不足的情况比较普遍；八是贫困问题，主要是来自偏远农村和城市下岗职工及特困家庭的学生因为贫困而产生自卑等心理。

如果技工院校学生存在以上问题，就应该积极改正、寻求帮助或者主动阅读相关书籍，在知识的助力下克服这些问题。

案例：马某，男，16 岁，就读某技工院校汽修专业。他聪明、贪玩，但学习不认真，经常逃课和一些社会青年交往，有早恋行为，常在学校制造事端，老师多次教育，仍屡教不改。他对批评过他的老师有极端抵触情绪，甚至放弃学习该老师的课。

图 4-3　心理健康室

学校的心理老师了解到，马某父母常年在外务工，极少陪伴孩子，马某一直由爷爷、奶奶照顾。老人溺爱孙子，渐渐地，马某变得霸道任性，爱发脾气，无心学习，还喜欢到处乱跑。他与父母缺少温情沟通，父母的话常常像耳边风一样，听过就忘，情绪激动时还会恶语顶撞，有过离家出走的经历。

心理辅导老师多次与他真诚交流，及时了解他的想法，并给予肯定激励，建立了良好的沟通关系。老师还适时讲述师兄师姐的成功案例；讲述汽修行业的榜样人物如何刻苦研究、忘我工作、一举成名的经历；讲述以往学习成绩虽然并不理想，但经过努力最终成功的世界名人故事。这些故事让马某懂得了人的潜能是无限的，只要充满信心，努力奋斗就能实现目标，慢慢地，马某改变了。

3.关爱他人

人的生命集天地精华与万物之灵性，是世界上最宝贵的东西。蒙田说："我们的生命受到自然的厚赐，它是优越无比的。"所以，我们应该珍惜生命，并非只是保护自己不受伤害，更是尊重他人、关爱他人，感受他人的感受，对他人的生命承担责任。

（三）正确认识生命价值

1.生命价值的定义

生命价值是指人对自我、对他人、对集体和对社会的价值，概括起来就是生命对自我和对社会（包括他人和集体）的价值。我们一般讲的生命价值，指的就是人对社会的价值。生命的社会价值，就是生命对社会作出的贡献，对社会的贡献越大，其价值也越大。因为人是社会的存在物，所以生命的社会价值是生命的根本价值。爱因斯坦说："一个人的价值，应该看他贡献什么，而不应该看他取得什么。"

2. 造成当代学生生命价值认识偏差的主要原因

（1）父母成才标准的片面性。

（2）树立榜样的局限性。过多地将成功人士作为孩子的榜样，而"感动中国"的这些感人事迹和人物，都不会在孩子的榜样之列。别人做舍己为人的事，父母是予以肯定的，但要教育自己的子女也做同样的事，这样的父母就不多了。

（3）父母的溺爱造成孩子的自私心理滋生。

（4）学校人才培养目标的片面性，注重智力的培养，忽视情感的培养。

（5）市场经济导致学生逐利趋向明显。

（6）中西方文化糟粕借助网络力量极大地影响了学生价值观。

（7）社会上的拜金主义、贫富差距、特权现象、不公等负面现象对学生的影响。

三、善待挫折，学会感恩

在我们的生命历程中，挫折是不可避免的，关键是我们应该怎样去应对。

（一）树立正确的人生观、世界观

有崇高的理想和远大的抱负，用积极的、进取的眼光去看待社会、看待生活的人，往往能遇难不馁，具有较强的挫折容忍力。对困难和失败要有充分的思想准备，人生之路不平坦，不要怕挫折，失败后要冷静分析原因，总结教训，跌倒了爬起来再前进。

（二）尝试改变一下使自己受挫折的环境

到大自然中去，或登山、或下海，让大自然的魅力陶冶你的情操、拓宽你的襟怀，从而减轻心理上的压力，鼓起面对现实的勇气。

（三）运用宣泄、移情、升华等方法克服挫折引起的焦虑情绪

可向心理咨询中心求援，可对亲朋好友诉说，可以换一个努力的目标，把精力转移到自己喜欢的专业课的学习上去。

如何解读挫折，请每位同学写出一条，看看谁的最精彩。

(1) 挫折是人生一道靓丽的色彩。

(2) 挫折是一种机遇。

(3) ……

(4) ……

欣赏落日六好处——激发生命活力

1. 欣赏落日能让时间放慢

这绝不是开玩笑。欣赏到壮美而令人敬畏的景观，可以改变人们的时间观念。2012 年的一项研究表明，感受到"敬畏"情绪的实验参与者明显感觉自己时间更宽裕、更有耐心了。研究人员指出，"令人敬畏的体验能够让人们更加关注当前时刻，敬畏的力量可以调整人们的时间观念，影响人们的决策，让人们对生活更满意。"你可能总觉得一

图 4-4　落日

天的时间不够用，其实，只要腾出一点时间来凝视浩瀚的天空或是沉醉在夕阳的余晖中，我们就能有掌控时间的感觉。

2. 不需花费太长时间就能激发生命活力

即使欣赏完夕阳之后你还得赶回办公室继续工作，但是花上区区几分钟的时间体会一下这金色的时间也是非常值得的。发表在《环境心理学》期刊上的一项研究指出，呼吸 20 分钟的新鲜空气就可以激发生命活力。该研究的主要作者 Richard Ryan 博士说："自然是灵魂的燃料，通常当我们觉得筋疲力尽时会选择喝一杯咖啡，但研究表明，亲近自然是获得能量的一种更好的

方式。"

3. 让你可以用更健康的方式处理多项任务

你可以通过跑步、散步、骑自行车等各种不同的方式来欣赏日落，运动的好处是众所周知的，可以缓解抑郁、焦虑和压力，而静静地坐着观赏日落也可以促进健康。心理科学研究的观点指出，冥想已被证明对心理和身体都有好处，可以减轻压力和改善认知功能。

4. 可以迫使你放下手机

如果你认为欣赏日落是假期或特别场合才有的奢侈行为，那么就会迫不及待地想要捕捉和保存这样的画面，希望通过拍下照片来帮助我们记录那奇妙的感觉。但是如果你能更经常地观看日落，那么就不会觉得拍照很必要了。过度依赖技术可能会使我们错过精彩的时刻，《赫芬顿邮报》的主编指出，"即使是最美好的时刻，如果不能身临其境，也感受不到其中的真正魅力。亲眼看到日落的过程，而不是通过手机屏幕回顾，会给你的大脑充电和恢复的机会"。

5. 让你对生活更加感恩

世界各地的人们都会被日落所吸引，但是有些地区是真的将欣赏日落作为感恩的机会。在圣托里尼、希腊、夏威夷和毛伊岛等地区，欣赏日落是夜间的庆祝活动，人们聚集在一起欢呼和鼓掌，提醒我们应该庆祝和感恩每一天。研究表明，感恩可以提升整体的幸福感，改善睡眠甚至可以让你更有耐心。

图 4-5　感恩

6. 欣赏日落能够激励你

日落是诗人、作家和浪漫主义者永恒歌颂的主题，因为日落的景观是如此的鼓舞人心。甘地感受到这种伟大的力量时说："当我在欣赏日落奇观或月光之美时，我的灵魂在对创造者的崇敬中舒展。"日落景观可以给我们带来强大的内在力量。埃默里大学的社会学教授 Ellen L. Idler 指出，"拥有超越性的精神和体验对人有积极的治愈效果"。

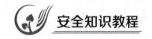

为自己颁奖

在成长的过程中，每个人都曾跨越过一个又一个障碍，取得了一个又一个成功。当你从生命的深处发掘出潜能，凭借坚实的信念、坚强的信心和无畏的勇气，坚持走出生命的泥潭，去体会人间的温暖、成功的喜悦及奋斗的酣畅淋漓时，你不想为自己喝彩吗？你不想为自己颁发一张奖状吗？

请给自己写一则简短的颁奖词并颁发一张奖状。

第二节 和谐人际

某宿舍六名女生，有一名是学生干部，喜欢积极参加集体活动，人缘很好，但学习成绩一般；另有一名学生成绩优异，但人际关系处理能力较弱，性格孤僻，不爱参加集体活动，总是独来独往，游离于集体之外。临近毕业，爱参加活动的学生干部先找到工作，而成绩优异的这个同学还没有找到，于是她就经常在背后诋毁这位学生干部，且因长期抑郁不畅，得了抑郁症。这位学生干部知道后，也经常指桑骂槐地讽刺成绩优异的同学，从此这两名女生矛盾激化，关系变得很僵。

人际关系是学生在学习、工作、生活的过程中同其他人所形成的学习、竞争、合作、交流等各种各样的关系。从外延上来看，它包括学生与各级领导、老师、父母、学校工作人员之间，以及学生之间的人际关系。技工院校学生和谐人际关系是指学生在学习、工作、生活的过程中所形成的，相互之间利益与需要协调实现、彼此尊重、心理相容、感情认同的状态和关系。

一、学生人际关系常见问题

（一）人际冲突

1. 自我中心导致的人际冲突

学生在与老师、朋友、室友等交往中常常做事过分自我，自己喜欢的事情用心做，不喜欢的人和事不愿意花时间和精力去做；无法接受别人比自己优秀；一旦自己的行为没有得到认可，就会随意乱发脾气；与他人交往只注重自己的利益，有人损害自己的利益就不高兴。

2. 善妒善嫉导致的人际冲突

嫉的是别人的才能，妒的是别人比自己各方面都优秀。受到挫折就会暴躁不安，心理处理不当甚至发生极端行为；不受重视，与外界不交流；有的则沉迷于网络，耽误学业和前途。

案例：小颖漂亮活泼，自幼聪明伶俐，父母、亲友、老师都对她喜爱有加。她从小听惯了称赞与表扬，随着年龄的增长，越来越争强好胜。同班同学小敏是班里的干部，经常受到老师的称赞和同学的羡慕，让小颖心生嫉妒。于是小颖经常在其他同学面前说小敏的坏话，中伤小敏考试舞弊，还散布谣言，说班干部是通过给老师送礼换来的。

图4-6　嫉妒

最让小颖受不了的是小敏竟然还成功当选学生会主席。小颖的心里就像着了火，烧得她吃不下饭、睡不着觉，最后做出决定，写了一篇《为谋主席职，竟献青春身》的文章来诋毁小敏的名誉，并将文章发布到网上。最后，小颖的诽谤行为很快被公安部门侦破，并受到了应有的惩罚。

3. 人际冲突的一种极端形式即校园霸凌

从霸凌者方面来看，大多数霸凌者有着以自我为中心、善妒善嫉的性格特点，此外还存在维权意识不强的问题。

案例：2014年，《美国精神病学杂志》发布的一项新研究发现，校园霸凌的危害巨大、深远、长久。研究者找出7771名曾被父母通报受过霸凌的个案，在其成长过程中对其进行持续追踪，定期询问他们的心理健康、社会关系、生活质量，以及职业和经济情况，直到他们50岁。研究结果表明，在几乎每一项衡量标准中，那些被霸凌者人生中会遇到更多的问题。他们到50岁时仍然会因此感受到巨大的心理困扰，在45岁时会有更大的抑郁、焦虑和自杀风险，50岁时认知功能也会表现较差。也就是说，霸凌所造成的心理和认知影响在40年之后，仍然持续影响他们的生活。

霸凌不仅会导致心理问题，还会导致持续的健康问题。霸凌会导致炎症反应，从而导致慢性健康问题，比如心血管疾病、糖尿病、慢性痛和抑郁症等。霸凌将明显地升高作为炎症反应指标的

图4-7　校园霸凌

C 反应蛋白在体内存在的水平。可以说霸凌是一种有毒压力，影响被霸凌者的生理反应。

(二) 人际障碍

1. 心理敏感导致的社交恐惧

进入青春期之后，学生对自己的形象更加关注，他们总是渴望让自己以满意的形象展现在别人面前。所以，在交往的过程中，他们对交往的期望值极高，恐惧自己的行为给别人留下不好的印象，害怕自己哪里出现错误而引起别人的嘲笑，心理总是处于极大的压力之下。和他人进行交往，或者是在公共场所，都会让他们的内心感到紧张。此种对社交所产生的恐惧会让学生感到焦虑、痛苦，甚至会损害他们的身心健康。

2. 自卑等导致的社交焦虑

从学生的角度看，盲目自大不好，但过于自卑也有一定的隐患。假如一个学生无法形成准确的认知，不能对自己形成准确的定位，从而导致心理产生自卑之感，在和别人交往的过程中，通常会觉得别人在探讨自己的不足之处，时间一长，他们就会对别人持怀疑的态度。面对外界的事物，他们容易疑神疑鬼，郁郁寡欢。更为严重的是，还会对别人的态度捕风追影，如此一来，也会影响学生的人际关系。

3. 自我封闭导致的社交焦虑

有的学生只想一个人独处做事，常常处在自己的世界里，不与他人接触和交流，有高兴的事却没有人分享，难过的事也无人分担。

案例：19 岁的小张存在严重的社交恐惧症状。她在与陌生人特别是异性相处时会紧张、恐惧、脸红、出汗，总有一种想逃的冲动，甚至出现过晕厥现象。了解到这些情况后，学校辅导员把她带到心理咨询室。在心理咨询老师面前，她袒露了自己的心扉。自己从小不善社交，每天活在自己永远交不到朋友的恐惧之中，内心越是渴望社交，在与人交往时越是觉得自己做得不对。心理咨询老师带她参与学校心理团辅，给她介绍了和她有类似情况的学姐。在这位学姐的介绍下，她参加了剪纸社团。在这个安静的不需要太多交流的社团中，她渐渐结识了更多的朋友，并且在学姐的引导下渐渐接受了自己，其社交恐惧的症状也明显好转。

坦诚地接纳自己，承认自己不善社交，允许自己不完美甚至干脆承认自己有些另类、讨人嫌的行为，是根治社交恐惧的良方。要充分认识到人际和谐并非是社交达人的特权，内向敏感的人同样能够拥有和谐的人际关系。做到这一点并不容易，特别是在处处推崇甚至崇拜社交能力的社会。充分肯定自身的价值，要知道一般聪明的、敏感的、有些神经质的人容易陷入这样的社交恐惧困境，而哲学、政治、文学、科学上有成就的人多半是不喜欢社会的一群。悦纳自己、真诚待人，总会发现和自己相似的人，大胆地承认自己存在的问题，获得他人的体谅，终究会体验到和谐人际带来的快乐。

（三）交友观问题

1. 功利虚荣导致的人际淡漠

有的学生在与别人交往时处处为自己着想，只关心自己的需要和利益，强调自己的感受，把别人当作达到目的、满足私欲的工具；不尊重他人的价值和人格，漠视他人的处境和利益；在交往中目中无人，与同伴相聚时不顾场合，也不考虑别人的情绪，自己高兴时，高谈阔论，手舞足蹈，不高兴时，郁郁寡欢或者乱发脾气。这种人在人际交往中，缺乏对自己的正确认识和对他人的合理态度，即使很精明，也不会与人建立牢固、持久、良好的人际关系。

2. 交友观偏差导致的交友风险

市场经济的发展致使人们的商业意识增强，面对激烈的竞争和就业的压力，越来越多的学生开始重视人际交往所带来的物质实惠。但如果在交往中过重地考虑个人愿望、利益是否能够实现和达成，靠人情走捷径，就很容易被拜金主义、功利主义等错误思想腐蚀拉拢，使个人交往带上极其浓厚的功利色彩。

所谓"近朱者赤，近墨者黑"，贪图享乐、拜金主义等价值观问题往往会导致交友风险，造成无法挽回的经济损失和精神压力，对学生的心理和性格的形成也将造成无法估量的深远影响。心理学有一个专业术语，称之为"重要他人"，指的是在一个人心理和人格形成的过程中，起过巨大的影响甚至是决定性作用的人物。在人生发展的历程中，最初阶段的重要他人是我们的父母。到了幼儿园和小学，替代父母而成为我们的"重要他人"是老师。而到中学之后，我们的同学和朋友成为了我们的"重要他人"。如何与这些人接触，也影响着我们进一步的成熟和发展，决定着我们以什么样的方式步入成人世界，所以同学们一定要注意交友安全。

案例： 技工院校学生小王，家庭条件一般，却喜欢各种名牌，在校期间便以结交有钱朋友为荣。实习期间他结交到一刘姓社会青年，号称父亲是房地产开发商，两人"一见如故"，天天混在一起。之后小王主动央求刘某带自己发财，刘某号称自己在做父亲朋友的保健品项目，可以让他入股10万，成为原始股东，一年后保证30万的收益。刘某带小王到公司实地考察，在参观完公司办公地点后小王信以为真，四处借钱，最后借到5万元钱。在刘某的指点下，小王又通过"校园贷"借到5万元钱。两个月后，刘某失联。小王多方打探后报警发现，刘某为某小额贷款公司工作人员，而这家小额贷款公司与小王所借"校园贷"存在有业务往来，刘某从小王的借贷上得到提成。刘某所开豪车均为公司抵押车，而其所投的项目已经被警方确定为传销，公司负责人早已跑路。后经证实，刘某确实将10万元钱投到这家公司的保健品项目中。现在的小王不仅错过了最佳招聘期，而且背负一身债务，身心也备受打击。

二、人际交往问题应对策略

(一) 牢记良好人际关系的基本原则

1. 平等原则

在与他人交往的过程中，交往双方存在出身、能力、学历、学识等许多差异，但在人格上是平等的。平等真诚是进行正常人际交往的基础，只有这样，双方才能打开心扉，才能体验到心灵交往的快乐。

2. 互利原则

在索取的同时，也给予他人回报，形成互助友爱的人际交往氛围。

3. 合作原则

处理好竞争与合作、个人与集体、主角与配角的问题。

4. 宽容原则

人际交往中产生各种各样的矛盾是不可避免的，"斤斤计较，以怨报德"不仅会伤害对方，更会最终伤害自己。

体 验 活 动

请谈谈你对下列观点的理解：

1. 人们的交往具有互利性，就是功利，互相利用。

2. 见到富人毕恭毕敬，见到穷人趾高气扬。

3. 爱人者，人恒爱之；敬人者，人恒敬之。

4. 为了获得对方的友好就要投其所好。

5. 凡是好友喜欢的，我就喜欢；好友反对的，我就反对。

6. 礼尚往来。

（二）善用人际交往的心理效应

1. 首因效应

首因效应在人际交往中对人的影响较大，是交际心理中较重要的名词。人与人第一次交往中给人留下的印象，在对方的头脑中形成并占据着主导地位，这种效应即为首因效应。我们常说的"给人留下一个好印象"，一般指的就是第一印象，这里就存在着首因效应的作用。因此，在交友、招聘、求职等社交活动中，我们可以利用这种效应，展示给人一种极好的形象，为以后的交流打下良好的基础。

2. 近因效应

近因效应与首因效应相反，是指交往中最后一次见面给人留下的印象，这个印象在对方的脑海中也会存留很长时间。多年不见的朋友，在自己脑海中的印象最深的，其实就是临别时的情景。一个朋友总是让你生气，可是谈起生气的原因，大概只能说上两三条，这也是一种近因效应的表现。利用近因效应，在与朋友分别时，给予他良好的祝福，你的形象会在他的心中美化起来。

3. 光环效应

当你对某个人有好感后，就会很难感觉到他的缺点存在，就像有一种光环在围绕着他，这种心理就是光环效应。"情人眼里出西施"，在相恋的时候，很难找到对方的缺点，认为他的一切都是

图 4-8　光环效应

好的，做的事都是对的，就连别人认为是缺点的地方，在对方看来也是无所谓，这就是一种光环效应的表现。光环效应有一定的负面影响，在这种心理作用下，很难分辨出好与坏、真与伪，容易被人利用。

4. 设防心理

我们在社交过程中，"害人之心不可有，防人之心不可无"，要具备一定的设防意识，即人的设防心理。设防心理在交往过程中会起到一种负面作用，它会阻碍正常的交流。

（三）学习人际交往的技巧

1. 遵循 3A 原则

接受 Accept，赞同 Agree，赞美 Admire。

2. 尽可能满足他人自尊的需要

记住别人的名字和一些私人信息；谈论对方感兴趣的话题；对别人真诚地感兴趣，做一个好的听众。

3. 注意交谈艺术

商讨式交谈，说服式交谈，静听式交谈，闲谈式交谈。

4. 争辩的艺术

避免无谓的争辩，要做一个有气度和肚量的人。

5. 批评的艺术

先表扬后批评，批评之前先做自我检讨，给人台阶下。

6. 让别人喜欢的小技巧

真诚地对别人感兴趣；微笑；记住名字是一个人所有语言中最美、最重要的声音；做一个好的聆听者，鼓励别人谈论他们自己；谈论别人感兴趣的事情；真诚地使别人觉得自己是重要的。

体验活动

"优点轰炸"

以小组为单位，每人轮流一次，其他人说出他的优点及欣赏之处（如性格、相貌、能力等）。要求态度要真诚，努力去发现别人的长处，不能毫无根据地吹捧，这样反而会伤害别人。被称赞的同学说出哪些优点是自己以前察

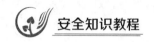

觉的，哪些是没意识到的。

三、常见人际关系处理方法

（一）建立友好宿舍人际关系

宿舍人际关系是学生人际关系最基础和最重要的组成部分，对于住宿的学生而言，2/3 的时间是在宿舍中度过的。有研究发现，引发学生产生心理问题的原因有将近 35%涉及宿舍人际关系处理不和谐。

1. 处理宿舍人际关系的原则

"彼此宽容、换位思考"是处理宿舍人际关系的最基本原则，是指理解各自之间的差异，宽容互相之间的缺陷与不足，并多站在他人角度想问题，将心比心，从而做到"己所不欲，勿施于人"。每一个人的成长会因社会、家庭、学校与经历等的影响而使个性千差万别，我们要多看他人的优点，尽量少争个人利益的得失，不能用自己的价值尺度去衡量别人，也不能将自己的想法与观点强加给别人，这样烦恼会少很多，大家相处起来也会轻松得多。

2. 良好宿舍人际关系应避免的细节

（1）自以为是。当年轰动全国的马加爵案，事后经专家分析，真正决定马加爵犯罪的心理问题，是他强烈、压抑的情绪特点和扭曲的人生观，还有"自我中心"的性格缺陷。

（2）一毛不拔。再亲密的关系，一旦有了金钱关系，也濒临毁灭。

（3）嫉妒心重。比如清华投毒案等，其实多少有作案人嫉妒心重的因素在其中。

（4）帮派型表现。比如建立亲密的小团体，"同生死共患难"，当你有了自己的小圈子，便失去了外面更大的圈子。

（5）疑心病重型。疑心病过重很容易影响舍友关系，自己无中生有的一些话，容易导致本来和谐的舍友关系变得紧张，如果不及时沟通了解，很容易变成下一个马加爵。

这些小的细节可能很多同学不以为是，但这往往是宿舍关系恶化的重要诱因，并且容易造成难以挽回的伤害，希望同学们有则改之，无则加勉。

（二）慎对虚拟交际圈

随着信息技术的发展，网络已成为人们生活不可或缺的一部分。网络信息丰富、功能多样，为我们的工作和生活提供了很大的便利。对涉世不深的学生来说，要特别谨慎地对待网上交友，学会辨别，在充分享受网络给我们提供便捷的同时，提高警惕，以免上当受骗。网络交友要牢记"三不一要一忠告"。

1. "三不"

不轻易泄露个人的资料（不要说出自己的真实姓名和地址、电话号码、学校名称、密友等信息），不随意答应网友的要求，不轻易约见网友。

2. "一要"

要提高警惕、小心防范。

3. "一忠告"

匿名交友网上多，切莫单独去赴约，网上人品难区分，小心谨慎没有错。

《全国青少年网络文明公约》：要善于网上学习，不浏览不良信息；要诚实友好交流，不侮辱欺诈他人；要增强自护意识，不随意约会网友；要维护网络安全，不破坏网络秩序；要有益身心健康，不沉溺虚拟时空。

网络交际不能代替现实生活的社交活动。我们要加强现实生活中的人际交往，主动同父母、同学、朋友联系，分享喜悦和幸福，诉说烦恼和忧愁，相互帮助和支持，积极参与丰富多彩的校园文化活动，在活动中释放压力和不良情绪，让自己的校园生活充实愉快。

图4-9 网络交际

案例：小春是技工院校二年级的学生，平时与班上同学交往不是很多，但却喜欢上网。她上网不是查找资料，也不玩游戏，就是喜欢聊天。她觉得在QQ里什么话都可以说，别人不知她是谁，她也不知别人是谁。在多次聊天之后，她觉得有一个网友特别能理解她、安慰她，每次都像大哥哥一样给她鼓励、给她信心。有了这个"大哥哥"，她网聊的兴趣更浓了。随着单独聊的时间越来越多，她也越来越信赖"大哥哥"，甚至到了无话不说的地步。这样"大哥哥"轻而易举地知道了她的真实姓名、读书的学校、所在的城市、联系电话等。当然她也知道了"大哥哥"的"真实"情况。

后来"大哥哥"约她见面，她毫不犹豫地答应了。见面后"大哥哥"请她下饭馆、逛商场，她玩得很高兴，随后便听从"大哥哥"的安排，跟着"大哥哥"游山玩水去了。几天以后，家长、老师、同学在多方寻找没有任何结果的情况下报了警，后来还是通过公安部门才知道她已被卖到了人生地不熟的西安，那个"大哥哥"竟然是一个人贩子。

（三）善待青春期异性友谊

进入青春期，我们的生理和心理慢慢变了，开始特别地关注她（他），渴望接触、了解她（他）。此时，男女同学之间产生的朦胧情感让我们不知所措。

我们要善待这种感情，用纯洁的清泉去浇灌它，用成熟和理智去呵护它，不在不懂爱的时候去触摸它，它就不会过早凋零，在我们成熟的时候终会绽放出绚丽的花朵。让花季的我们拥抱友情，善待青春萌动的情丝，把握好我们的情感之舟，让它顺利航行在成长的旅途中。

案例：小丹初中毕业后进入一所技工院校学习，让她犯愁的是，从家到学校的途中要经过一条长长的、冷清的巷子，每次下晚自习回家经过小巷时她都是提心吊胆的。

两周后，小丹和班上的同学熟识了，她发现班上有位男同学小刚回家与她同路，都要经过那条长巷，于是她主动找到小刚并给他讲了她的顾虑，请求晚自习后结伴回家。小刚答应了她的请求。从此以后，那条冷清的小巷不再沉寂，一路上洒下了两位同学的欢声笑

图 4-10　青春期

语。他俩谈理想，讲童年，谈时下热门的社会问题，渐渐地两人加深了了解，建立了友谊。在学习上他俩互帮互助，期中考试时成绩有了较大提高。

渐渐地，同学们都用异样的眼光打量他俩，班上出现了一些关于他们的风言风语……他俩迷惑了，难道异性之间就没有友情吗？常在一起就是恋爱吗？

同学之间相互尊重、和睦相处、正常交往是应该鼓励的，我们不必对此

疑虑重重、躲躲闪闪，而应心胸坦荡、落落大方，在共同的学习、生活中建立、发展、深化纯真的友谊。

1. 正确把握异性距离

男女之间由于生理、心理、成长环境及社会角色的不同，在智力特点、体力、兴趣爱好、个性特点等方面有较大的差异。我们需注意到男女有别的客观事实，嬉笑打闹、你推我拉之类的举止要尽量避免，异性交往需要保持适度原则：

（1）距离——课堂之外，男女之间的正常距离应保持在44厘米以上。

（2）语言——说话不要随意、轻浮。

（3）目光——不要太长时间注视对方。

（4）服饰——不要穿暴露的服饰或奇装异服。

2. 善待青春恋情

一般来说，"早恋"有下面六种心理类型：

（1）好奇型。由于对异性的好奇心而产生的早恋现象。

（2）模仿型。因为模仿文学、影视作品中的浪漫爱情故事而产生的早恋现象。

（3）游戏型。由于心理不成熟，出现说好就好、说散就散的现象。

（4）逆反型。"禁果效应"人为地造成了早恋的发生。

（5）依赖型。不断成长的我们，总觉得自己得不到父母和他人的理解，精神需求得不到满足，从而产生烦恼、痛苦和寂寞感，为寻求倾诉对象而早恋。

（6）虚荣型。以交往异性朋友为荣耀，互相攀比，看谁交的异性多，谁交的漂亮或帅，以此来满足自己的虚荣心。

学生过早地涉足"爱河"，不仅会影响学习和身心健康，还会带来一些心理负担，容易导致双方受到不必要的伤害，同时会减少与其他异性交往的机会，不利于交际圈的扩大和良好交际心理的养成。

自然万物皆有规律，就像秋天成熟的果实，春天无法提前采摘一般，萌动的青春需要理性的驾驭和意志的控制。我们可以尝试用下列方式将这份纯洁的感情转化，延伸成一段美好的青葱记忆。

（1）把握自己——用坚强的意志克制自己的情感流露。对自己爱慕的同学，也像对其他同学一样落落大方。

（2）尝试转移——多参加集体活动，充实自己的生活内容，转移情感的注意力。

（3）冷处理——逐步疏远彼此的关系，以冷却灼热的恋情。时间一长，这种感情会逐渐淡化消失。

（4）果断拒绝——在充分尊重对方的前提下，表明自己的立场。

（5）保留友情——对异性的一时冲动，可尝试理解并原谅，为对方保守秘密，共同爱护友谊之树。

拓 展 阅 读

和不同的人打交道：四种模式让你人际畅通

美国人际关系专家罗伯特·博尔顿表示："在广大的人群中，至少有75%的人与我们自己存在较大差异。"不同性格的人，自然彼此容易产生隔阂和误解。因此，人际关系出现问题并不奇怪，而应对好这75%的差异，才能更好地帮你获得成功与幸福。

博尔顿将人们为人处事的"主导风格"分为四种主要的风格模型："分析型""驾驭型""友善型"和"表现型"。其中，"友善型"友好、随和，有人情味，很少发表不同意见；"表现型"外向、活跃，喜欢出风头，乐意听表扬；"分析型"则追求完美，做事精益求精、注重细节；"驾驭型"的人办事果断，追求快节奏、高效率。很多人是其中几种模式的"混合体"，但以某种特定风格为主导。

那么，如何与各种不同的人相处呢？基本原则就是把握好沟通的"白金定律"：别人希望你怎么对他，你就怎么对他。对于"友善型"的人，可以多提供精神支持，和他们谈论情感、生活方面的话题，把气氛营造得融洽一些；对于"分析型"的人，要注意就事论事，把理由和细节列清楚，才能赢得他们的认可；对于"驾驭型"的人，则要给他们做决策的机会，果断地给出几种可行方案供其选择；对于"表现型"的人，则要注意及时称赞和鼓励，让他得到成就感，同时给他一些发挥空间。

当然，除了上面四种大的模式，人际风格还有很多细节差异，不妨多了解一下自己和别人的区别，才能帮你更加灵活地面对形形色色的人。

交往小秘诀

1. 回音效应——付出什么就得到什么。

2. 自信、开朗的人更有魅力——喜欢你自己。

3. 谁都渴望和他人分享——要适当地自我袒露。

4. 话不投机半句多——学会寻找共同点。

5. 快乐是可以传染的——带着你的笑容上路。

6. 人性本善——适当地求助他人。

7. 深刻的第一印象——适度打点你的仪表。

8. 人人都喜欢得到接纳与认可——多给他人真诚的赞美。

9. 幽默永远是一种润滑剂——每天在口袋里装一个笑话。

10. 白天不懂夜的黑——在不了解的情况下不要轻易对他人做出判断。

11. 硬币一定有正反两面——接纳他人的缺点。

12. 世上没有完全相同的两片树叶——允许自己与他人不同：保持自我的个性；允许他人和自己不同：维护他人的个性。

13. 与他人同穿一双鞋——站在对方的立场和角度寻找"共鸣"。

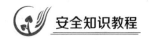

第三节 心灵减负

案 例 导 读

　　小王是某技工院校学生，在上学期的技能比赛中他的成绩是全年级第一，为此他兴奋得翻来覆去一夜睡不着觉，认为自己真是不简单，觉得周围一切都是那么美好。

　　可是好景不长，这学期的技能比赛他却输了，他同样一夜没合眼，认为自己怎么这样无能，真是丢人，无法向父母交代。第二天，同学小李说了风凉话："小王，全年级第一不是那么好拿的，上一次还不知道是让你怎么蒙上的。"小王听了顿时升起一股无名火，觉得自己咽不下这口气，于是一拳打过去……小李把这事告诉了班主任，小王知道自己这次闯了祸，感到既后悔又害怕。

　　人类在不断地认识和改造客观世界的同时，会产生高兴、愤怒、悲哀等一系列复杂的心理现象，我们把这种人对客观事物是否满足自己的需要而产生的态度体验及相应的行为反应叫做情绪。

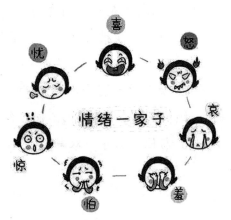

图 4-11　情绪一家子

一、情绪管理的重要性

（一）有助于个人成功

　　合理的情绪管理能够让我们正视自我，从而实现人生成功。积极的情绪管理能够让我们正确认识、评价自己，接受自己不完美的地方，并不断完善自己、提升自己。没有人是足够完美的，不把自己捧入星辰，不让自己卑微入地。积极的情绪管理能够让我们在顺境与逆境中找到平衡，会时刻提醒自己：没有注定的命运，只有不努力的人生。等到我们中年的时候就会发现其实成功的秘诀只在于坚持。坚持帮助我们在挫折与困境中、期待与现实中，以昂扬向上的姿态一路向前，寻找适合的方法，不怨天尤人，不妄自菲薄，终体会到那超然的快乐。对于人的一生，我们只有始终怀抱热忱，生活才不辜负我们生命的厚重。认识自我，放平心态，放低姿态，不骄傲，不否定，在错误中吸取教训，在失败中积累经验，一定会成为人生的优胜者。

案例： 小夏，男，25岁，机电一体化专业毕业。毕业4年来频繁跳槽达7家公司，最短的一次是就职于某机械制造公司的产品质量管理员岗位。工作2个月后，因为一次检查中未对产品质量严格把关而受到质检部领导的批评，当月奖金也被予以一定比例的扣除。他觉得自己很委屈，也很愤怒，一怒之下就辞职了。小夏至今仍在一家公司实习，而他的同学有的已经做到车间主任的职位了。

（二）有利于身心健康

合理的情绪管理能够保证我们的身心健康。俗语"气大伤身"，何尝不是负面情绪对我们身体健康影响的真实写照呢？情绪管理在于调节消极情绪，控制积极情绪，在两种情绪中保持平衡。人不可能一味地处在高潮，更不会永远处于低谷，保持平和有助于心态平稳，保证身心健康。

案例： 从前，有一位老奶奶，她有两个儿子。大儿子卖雨伞，小儿子开了家洗染店。天一下雨，老奶奶就发愁说："哎！我小儿子的衣服到哪儿去晒呀！要是干不了，顾客就该找他的麻烦了。"天晴了，太阳出来了，可老奶奶还是发愁："哎！看这大晴天，哪还有人买我大儿子的伞呀！"就这样，老奶奶一天到晚愁眉不展，吃不下饭，睡不着觉，一天天苍老下去。邻居看到她这样，便对她说："老奶奶你好福气啊！一到下雨天，您大儿子的雨伞就卖得特别好；天一晴，小儿子的店里便顾客盈门，真让人羡慕啊！"老奶奶听了以后觉得很有道理，情绪很快得到了调整。她不再发愁了，整天都乐呵呵的。

（三）有助于社会和谐

合理的情绪管理能够营造一种和谐的人际交往氛围，从而促进社会和谐。我们都是独立的个体，但是谁也脱离不了社会这个群体。人与人之间的交往取决于舒适感，如果双方都是带着愉悦的情绪交往，那么好感度会迅速上升；如果带着苦闷的情绪交往，那么双方都会生厌，从而导致更加不满。学会用欣赏的眼光去看待他人，用友善的态度去对待他人，更能赢得他人好感，也更容易获得集体归属感。事实上，如果人与人之间都能带着一颗真诚之心去面对身边所有人，这是社会的荣幸，这样社会该少去多少纷争，该增加多少平和，该降低多少精神疾病发病率，而这终会促进社会和谐。

案例：日本经营之神松下幸之助曾有一名爱将叫做后藤清一。有一次，因为他的疏忽，造成了公司很大的损失，松下派人把他叫到办公室，劈头就是一阵臭骂，一边骂一边还拿着火钳，死命地往桌上一直拍。被骂的清一垂头丧气地准备转身离去，心里也萌生了辞职的想法。这时，松下却将他叫了回来，说道："等等！刚才我因为太生气了，所以把火钳弄弯了，麻烦你帮我弄直好吗？"清一虽然觉得奇怪，但仍拿起火钳拼命捶打，而他沮丧的心情似乎也随着敲打声慢慢平息。当他把敲直的火钳交还松下时，松下笑着说："嗯！似乎比原来的还好，你真是不错！"清一没有料到松下会这么说。

然而更为精彩的还在后头。清一离开办公室不久，松下就悄悄致电给清一的妻子，他说："今天你先生回去的时候，脸色可能会很难看，希望你好好安慰他。"当清一的妻子将松下的心意转达给清一之后，清一内心十分感动，除了设法弥补之前犯下的错误外，从此之后也更加努力工作，报答松下的一片苦心。

二、情绪管理的方法

（一）合理宣泄法

心理学研究表明，情绪能刺激体内能量的产生，如极大愤怒使身体处于应激状态，消化活动被抑制，糖从肝脏中释放出来，肾上腺素分泌增多、血压升高，体内能量处于高度激活状态。这种聚集在体内的能量如果不能及时疏泄，会损害我们的身体健康，所以，有必要将其及时发泄出来。但这种宣泄必须合理地控制在既能降低自己的紧张情绪又不致使他人受到伤害的范围。常见的宣泄方法有诉说、哭以及采取行动，比如在旷野中呐喊、引吭高歌、运动等。

案例：创业失败的小郭情绪非常低落，他不仅把自己辛苦兼职赚到的钱全赔了进去，还欠了很多债，而且由于创业，导致他自己有多门成绩不及格。现在既需要补考，还得打工挣钱，可是低落的心情让小郭根本看不下书，而且打工也出了很多问题。烦躁的小郭跑到学校后山情不自禁地大吼了起来，后来在舍友的关心下他重新打起了自己擅长的篮球。在同学们的呐喊声中小郭重新找到了内心的力量，不仅顺利通过了补考，自己欠下的债也在毕业前还清了。

(二) 转移注意法

在某种情绪影响自己或者将要影响自己，而自己又难以控制时，我们可以对这种情绪不予理睬，并将自己的注意力转移到其他有益的方面去，这种情绪调节方法称为转移注意法。

案例：有一位同学的功课一直很好，可他有些疑惑情绪，经常担心考试过不了关。经过心理咨询，他开展了两项业余活动——打乒乓球和听音乐。一到课余时间，他就去室外打球。如果碰到心生疑惑的时候，他就开始听音乐……结果，半年以后，他的心态稳定了，该学习的时候学习，该活动的时候活动，再也不为考试担心了。

图 4-12 转移法

(三) 提高升华法

将消极的情绪与头脑中的一些闪光点联系起来，将痛苦、烦恼、忧愁等其他不良的情绪转化为积极主动而有益的行动，如战国时期孙膑被砍去双脚后，怒而发奋，写出了《孙子兵法》；歌德在失恋的基础上写出了《少年维特的烦恼》；司马迁在遭受宫刑后完成了《史记》；贝多芬在遭受双耳失聪的情况下创作出《命运交响曲》，这样的例子不胜枚举……

案例：代国宏是一名残疾人运动员。2008 年 5 月 12 日，汶川大地震夺走了代国宏很多亲朋好友的生命，他自己也失去了双腿。康复后的代国宏情绪非常失落，直到有一天，他接触到了游泳。他把自己的不幸和对亲友的思念转化成力量，刻苦训练，终于成为一名合格的职业游泳选手。他曾在全国残疾人游泳锦标赛上取得百米蛙泳冠军。在他的职业生涯中，一共获得 9 块金牌，被称为"无腿蛙王"。

(四) 转换视角法

换个角度看问题，常常可以使人从负面情绪中解脱出来，保持心情舒畅。

案例：一天，一个年轻人站在悬崖边，痛不欲生。这时，一位老者手舞足蹈地欢歌而过。年轻人止住老者，问："老人家，你为何如此快乐？"老人朗声回答："天地之间，以人为尊，我生而为人；星辰之中，唯日月灿烂，我能早晚相伴；百草之中，最是五谷养人，我能终生享用，为什么会不快乐？"年轻人若有所思地点了点头："老人家，我觉得很自卑，不如别人活得有价值。"年轻人还是满脸忧伤。老者微微一笑，说："一块金子和一块泥土，谁自卑呢？"年轻人刚要回答，老者摆了摆手，继续说："如果给你一粒种子，去培育生命，金子和泥土谁更有价值呢？"说完，老者大笑而去，年轻人顿觉释然。

（五）幽默缓冲法

高尚的幽默是情绪的缓冲剂，是有助于个人适应社会的工具。当个体发现某种不和谐的或于己不利的现象时，为了不使自己陷入激动状态，最好的态度就是以超然洒脱的态度及寓意深长的语言、表情或动作，用诙谐的手法机智巧妙地表达自己的情绪。

案例：有一次，革命老前辈何长工讲起自己的往事时说："我的腿受过伤，一长一短，有人叫我'何瘸子'。我回答：'是啊，我这一辈子走的都是不平坦的路。腿一长一短走得更稳当。'"

拓 展 阅 读

散步有助于培养你的积极情绪

只要迈开步子走几分钟，就会对我们的情绪有很大的好处，不管我们在哪里散步以及我们为什么散步，或者我们期望散步有什么效果，这是根据爱荷华州立大学心理学家发表在《情绪》上的研究所得出的结论。他们说这项研究第一次揭示了所有与锻炼研究相关的典型困惑，包括社会接触、新鲜的空气和大自然，以及达到健身目标后的满意度，期望活动有益身心。这项研究显示，仅仅是散步活动本身就是一个强大的情绪提升工具。

Jeffrey Miller 和 Zlatan Krizan 声称，散步之所以有利于情绪的提升，是因为散步与我们寻找食物以及获得他人奖励的进化方式有关，即积极情绪与运动紧密相连。

快乐动物园

每个人都有过可能因成功或失败而导致情绪波动的经历。下面这个游戏可以让你体验情绪在问题解决中的强大作用，还可以训练你的幽默和乐观情绪。

这个游戏要求你和一些朋友一同做，而且要求你偏离你一贯的社会行为。游戏的内容是要你学动物园里动物的叫声。

你姓氏的汉语拼音首字母在下面哪个范围内，你就学哪种动物的叫声：

姓氏汉语拼音第一字母	动物名称
A—F	老虎
G—L	小狗
M—R	绵羊
S—Z	布谷鸟

选择一个伙伴，彼此盯着看，目光不能转移，同时大声学动物叫至少10秒。

【思考与实践】在这个简单的游戏中，你的感觉如何？你是否感到既幽默有趣又有些尴尬？这个游戏尽管开始时会感到不舒服，但结束时可能已是笑声满堂。

你是否注意到好玩和幽默的情绪会有助于你在这个游戏中创造性的发挥，可能会使你灵机一动，模仿出种种出人意料的叫声，获得满堂喝彩，或者逗得大家捧腹大笑。

■ **复习思考题：**

1. 对照"交往小秘诀"和网络交友"三不一要一忠告"进行自我人际交往的评价，看看自己能做到多少。

2. 你觉得自己的人际关系是否存在什么问题，如果有问题该怎么解决呢？

3. 你有哪些情绪管理的好方法？和同学们分享一下。

4. 谈谈你学习这一章的体会。

第五章　网络安全

导 言

飞速发展和普及的信息技术正在给人类社会的各个领域带来越来越多的影响，人类正在一步步地走向信息时代。以互联网为标志特征的计算机网络技术也正以惊人的速度向社会生活的各个领域渗透，以前所未有的速度和方式影响和改变着人类的生活、学习、工作乃至思维方式。现代社会，网络已经成为人们生活的一部分。

根据中国互联网络信息中心数据，截止到 2019 年 6 月，我国网民规模达 8.54 亿，手机网民规模达 8.47 亿，其中青少年网民规模增长迅速，已经成为我国网络的主要使用者。互联网在极大地提高青少年学习效率、提高信息的传播速度和透明度的同时，许多不良信息也正在危害着青少年的身心健康，改变着他们日常学习和生活中的人际关系和生活方式。青少年花费万元充值游戏、打赏主播、手机被没收以跳楼相逼等行为屡屡见诸媒体，严重影响了青少年的正常学习和身心健康。如何引导青少年正确使用网络，防止青少年沉迷网络，成为网络安全教育的重要课题。

正在上初二的陈晨被突如其来的疾病击倒了，他急需手术输血。可让人揪心的是，他竟然是罕见的 RH 阴性血，就是我们常说的"熊猫血"。而血库里血源远远不够手术所需，身边人的血型也不匹配，大家都很着急。绝望之际，一位同学想到可以通过互联网发出求救信，很快，附近省市一些符合要求的人便及时赶来为陈晨献血，最终，陈晨获救了！

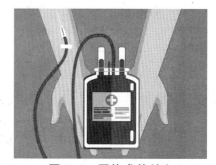

图 5-1　网络求救献血

某安全中心披露的一份青少年上网安全分析报告显示：2015 年前四个月的网络诈骗报案中，16 岁以下青少年的人均损失超千元，在网络诈骗青少年受害者中，男生占 79.8%，女生占 20.2%，男生受害者数量几乎是女生的四倍。报告称，青少年经电脑和手机被骗的人数大约各占一半。在电脑端，主要因社交而上当，其次是购物、游戏；而在手机端，短信诈骗占首位，其次是钓鱼网站、诈骗电话。

网络对你的生活有什么影响？你是如何看待网络的？

体 验 活 动

辩论：青少年上网利大于弊，还是弊大于利？

学生分组，每个学生在正、反观点中自由选择一个，在小组内展开辩论。每个小组选派代表对本组正、反方观点进行总结陈词，在全班进行交流。

	正方：青少年上网利大于弊	反方：青少年上网弊大于利
主要观点	观点1：这是一个信息高速膨胀的时代，我们要适应时代发展，必然要通过网络及时获取科学信息。	观点1：网上的信息杂乱无章，通过网络获取零散的、不系统的知识，不但不利于提高个人能力，还浪费大量时间。
	观点2： 观点3： ……	观点2： 观点3： ……

表 5-1　青少年上网利大于弊，还是弊大于利？

网络是把双刃剑。一方面，它拓宽了我们的视野，丰富了我们的生活，让我们享受"天涯若比邻"的奇妙，魅力难挡；另一方面，网络信息真假难辨，隐藏着危险和欺骗，网络的虚拟世界也让一些人沉溺其中，深受伤害。

第一节 网络环境存在的问题

互联网的技术结构本质特征之一就是它的工具性：它既可被用来做善事，也可被用来做恶事。从世界范围看，网络安全威胁和风险日益突出，并日益向政治、经济、文化、社会、生态、国防等领域传导渗透。网络欺诈活动、散布色情材料、进行人身攻击、兜售非常物品、鼓吹推翻国家政权、煽动宗教极端主义、宣扬民族分裂思想、教唆暴力恐怖活动……网络空间环境日趋复杂，安全形势不容乐观，问题不容忽视。

一、网络黑客攻击

（一）网络黑客攻击的种类

1. 网游木马

木马病毒会盗取网游账号，威胁虚拟财产的安全。不法分子在盗取账号后，立即将账号中的游戏装备转移，并通过出售这些盗取的游戏装备和游戏币获利。

2. 网银木马

木马采用键盘记录等方式，盗取被木马植入方的网银账号和密码，并发送给黑客，直接导致被木马植入方的经济损失，威胁财产安全。

图 5-2 网络黑客攻击

3. 下载类木马

这种木马程序的体积一般很小，其功能是从网络上下载其他病毒程序或安装广告软件。由于体积很小，下载类木马更容易传播，传播速度也更快。

4. 代理类木马

用户感染代理类木马后，会在本机开启 HTTP、SOCKS 等代理服务功能。黑客把受感染计算机作为跳板，以被感染用户的身份进行黑客活动，达到隐藏自己的目的。

5. FTP 型木马

FTP 型木马打开被控制计算机的 21 号端口（FTP 所使用的默认端口），使每一个人都可以用一个 FTP 客户端程序来不用密码连接到受控制端计算机，并且可以进行最高权限的上传和下载，窃取受害者的机密文件。

6. 通讯软件类木马

利用即时通讯软件盗取被木马植入方身份，传播木马病毒。常见的即时通讯类木马一般有三种：发送消息型、盗号型、传播自身型。

7. 网页点击类木马

网页点击类木马会恶意模拟用户点击广告等动作，在短时间内可以产生数以万计的点击量。病毒作者的编写目的一般是为了赚取高额的广告推广费用。此类病毒的技术简单，一般只是向服务器发送 HTTP GET 请求。

(二) 防护措施

避免木马病毒的危害，用户除了利用现有的杀毒软件，还要多学习木马病毒的种类和预防措施，多了解网络病毒小知识，才能安全地远离网络病毒。

二、泄露用户信息

(一) 泄露用户信息的方式

1. 骚扰类信息安全事件频发，窃取用户信息的手段趋于隐蔽

手机信息安全事件数量显著增长，不法分子通过手机病毒、恶意软件等手段窃取用户隐私贩卖后，用于广告电话、短信骚扰的现象正越来越常见。

2. 网站、电信诈骗层出不穷，用户对各类手机安全风险认知仍需加强

伴随各地经济的发展，移动上网基础设施不断普及，公共 WIFI、二维码、伪基站等安全问题更加易于发生，使得不具备手机安全风险防范意识的用户更可能遭受经济损失。

(二) 防护措施

1. 提高用户对于各类安全风险的认知并建立防范意识

诈骗电话、钓鱼短信、应用隐私授权等手机安全问题大多可以依靠用户自身防范意识进行规避。

2. 手机安全软件渗透率较高，防护功能齐全是用户首选因素

手机安全功能齐全是用户选择手机安全软件的首要因素，从安装方式来

图 5-3 网络电信诈骗

看，超过四分之一用户使用的手机安全软件是手机自带或系统预装的，表明应用预装依然是手机安全软件厂商推广产品的重要渠道。

三、网络暴力

网络暴力是一种危害严重、影响恶劣的暴力形式，它是一种在网上发表具有诽谤、污蔑、侵犯名誉和煽动性的言论，即使用文字、图像等形式在网络上针对他人进行人身攻击的不道德行为。网络暴力能对当事人造成名誉损害，而且它已经打破了道德底线，往往也伴随着侵权行为和违法犯罪行为，亟待运用教育、道德约束、法律等手段进行规范。

（一）网络暴力的形式

1. 以文字语言为形式的网络暴力

现实生活中人在生气、烦闷、情绪不定时，想要通过语言暴力宣泄是很正常的，而现实社会中人与人的直接交往，会受到道德伦理的约束，或多或少地抑制了这样一种宣泄的产生。而网络社会是虚拟的社会，文字语言暴力这种形式在如今人流量大的网站随处可见，如天涯论坛、百度贴吧、微博、腾讯新闻评论等。

图 5-4 网络谣言

中国网民热衷于通过网络平台和网络渠道讨论公共事务、开展舆论监督、实现政治参与，形成了具有中国特色的网络舆论生态格局。运用大数据分析技术，甚至可以从网民关注能力、批判思考能力、传播能力三个角度，勾勒出中国网民的表达和性格概貌：有的网民热

衷于日常生活的表达；有的网民参与热点事件传播表达最活跃；有的网民热衷于发布不实言论，歪曲事实、散布谣言，既有针对公民个人的诽谤，也有针对公共事件的捏造，甚至侮辱、诋毁、恶搞民族英雄和国家伟人。网络谣言不仅败坏个人名誉、给受害人造成极大的精神困扰，更损害国家形象、影响社会稳定。网络谣言的危害不容小视，必须依法惩处。

案例：

散布谣言引发中国抢盐风波

2011 年 3 月，一则消息出现在互联网："日本核电站爆炸对山东海域有影响，并不断地扩大污染，请转告周边的家人朋友储备些盐、干海带，一年内不要吃海产品。"该信息在网上经转发后造成了恶劣的社会影响。随着网络信息的扩散传播，数天之内，抢盐风潮席卷我国大江南北。浙江、广东、山东等地居民前往超市、便利店抢购食盐，导致这些地区当天食盐的销售量比平时猛增了十几倍。随后茂名、阳江、湛江、佛山、南海、东莞、清远等地均出现食盐抢购。"抢盐"风潮开始由东部沿海地区蔓延至全国，再到港澳台地区，无不"见盐眼开"。甚至有浙系的资金涌入市场，像抢房一样抢购囤积盐，抢盐行为似乎已经开始浸透到金融系统。

国家发改委、工信部等部委紧急发文称，我国食用盐等日用消费品库存充裕，供应完全有保障，各地要严厉打击扰乱市场的行为。中国盐业总公司同时启动应急工作机制，加强生产组织和销区市场管理，确保食盐供给。随后，北京、江苏、浙江、广东、海南、上海等多地紧急部署稳定市场措施，并陆续召开新闻发布会，公布保障食盐供应措施及澄清谣言。随着抢盐事态恶劣影响的不断扩大，国家发改委等部门发出紧急通知，要求各地"立即开展市场检查，坚决打击造谣惑众、恶意囤积、哄抬价格、扰乱市场等不法行为"。各地的抢盐风波才逐渐趋于平静。

经警方调查，确定网上散布谣言者为杭州一家电脑公司的员工陈某。陈某对自己的错误行为已有比较深刻的认识，承认自己违法散布虚假信息危害社会，教训极其深刻，并立即在网上发布澄清公告："本人在网上散布的有关日本核电站爆炸对山东海域有影响以及关于盐与海带之类的话，没有事实根据，是虚假消息，希望大家不要相信，不要误传。"杭州市公安局西湖分局依法对散布谣言的网民陈某，依据《中华人民共和国治安管理处罚法》作出行政拘留 10 天并处罚款 500 元的处罚，一场席卷全国的"食盐恐慌"终于告一段落。

列举出你知道的其他网络谣言案例进行分享，并说一说网络谣言的危害。

2. 以图像信息为形式的网络暴力

图像信息暴力在网络暴力事件中也并不鲜见。例如恐吓、侮辱他人并拍摄视频发布到网上，或者篡改他人传上网络的图片或者视频，通过抠图换脸等技术处理后，上传网络发布，对受害者进行恐吓、侮辱、诽谤、攻击、敲诈勒索。

案例：

殴打侮辱教师并发布视频传播

2018 年 7 月的一天下午，被告人常某驾车与同村的潘某一起外出时，遇见曾担任过其初二班主任的张某骑电动车经过。常某到公路上拦下张某，确认身份后即予以呵斥、辱骂，并连扇四个耳光，又朝张某面部猛击一拳。之后，常某强令张某将电动车停靠至公路旁，继续对其进行辱骂、呵斥，又先后朝张某胸部、腹部击打两拳，并将张某的电动车踹翻，致使电动车损坏。

常某事后供称，想起上学时因违反学校纪律曾被张某体罚，心生恼怒，遂对张某进行殴打、辱骂，并将手机交给潘某，要求为其录制视频。事后，常某将录制的视频传播给初中同学观看、炫耀，造成该视频在微信群和朋友圈传播扩散，引发社会舆论的广泛关注。

栾川县人民法院认为，被告人常某为发泄情绪、逞强耍横，借故生非，在交通要道拦截、辱骂、随意殴打老师张某，并同步录制视频进行传播，引发现场多人围观和社会舆论广泛关注，严重影响张某及其家人的工作、生活，破坏社会道德准则和公序良俗，情节恶劣，其行为构成寻衅滋事罪。根据常某犯罪的事实以及犯罪的性质、情节和对于社会的危害程度，栾川县人民法院以寻衅滋事罪判处被告人常某有期徒刑一年零六个月。

（二）防护措施

网络实名制可以最大限度地减少利用互联网的各种违法犯罪行为，可以最大限度地提升网络道德水平。网络实名制不但不会限制自由，反而是对自由的保护，它限制的是那些别有用心者的自由，对大多数网民来说是更好的保护。

四、网络直播乱象

2016 年直播出现井喷式发展，从花椒、熊猫、斗鱼、映客、虎牙等，再到阿里巴巴、百度、秀色、小米的加入，加之用户的需求增长、风投资本的竞相涌入，直播平台风生水起。据不完全统计，2016 年中国内地提供互联网直播平台服务的企业超过近 200 家，且数量还在增长。根据相关预测，到 2020 年直播行业市场规模可达 1060 亿。

图 5-5　网络直播

（一）网络直播兴起的原因

1. 准入门槛低

一台电脑、一根网线、一个摄像头就可以完成室内直播；在室外，一台手机、一根自拍杆加上无线网络就可以轻松完成直播。直播平台对主播的个人素养要求低，导致了鱼龙混杂、参差不齐的主播修养。以前主播还需要依靠唱歌、跳舞、拼颜值获得粉丝打赏，而现在几乎连才艺也不需要，只要展现真实生活，吃、喝、玩、乐就能吸粉无数。

2. 盈利可观

网络直播的盈利模式分为两类，一是销售产品，二是礼物分成。趋于经济利益，越来越多的人加入主播行列。粉丝的打赏、刷礼物、产品推广、电商推广、广告的植入，这些都是盈利的渠道，主播只需要在直播时努力吸睛，从而获得更多的财富分成。

案例：2017 年 9 月份，江苏镇江市某会计王某挪用公款逾 890 万元，仅给斗鱼女主播冯某一人就打赏了 160 万礼物，其余主播加起来被打赏了将近 600 万。最近又有报道，上海一名 13 岁女孩为给网络主播打赏，偷用母亲手机花掉了 25 万元存款。

（二）监管措施

直播平台不断被曝出低俗、色情、造假等乱象。其中许多行为，不仅是对伦理道德的无视，甚至触碰了法律的底线。

1. 提高对主播的个人职业素养的监管力度

直播平台要对签约的主播义务进行岗前培训，提升主播的个人素质，解决直播乱象。主播要以对粉丝负责为基础，传播积极向上、正能量的视频，转变以低俗内容为主的错误竞争方式，主动承担社会责任，进行良性循环。

2. 加强对直播内容的甄别，完善监管技术

完善的网络直播体系，必须以强大的监管技术作为后盾，我们可以效仿"分级—过滤"模式，对直播平台和主播按照信用评价等级分类，从端口控制。对后台流量监控时，特别留意流量的异常增多时间点，利用大数据把控直播的舆情变化。

3. 夯实法规监管刻不容缓

直播乱象频出，我国相关部门已经陆续出台了监管规定。中国演出行业协会网络表演（直播）分会发布的《促进网络表演（直播）行业健康有序发展行动计划》中明确指出，网络表演（直播）分会将通过建立内容审核、行业培训、信用体系、信息共享、行业评优、行业调研等方面的工作促进网络直播的健康发展。

五、非法校园贷

（一）校园贷的种类

校园贷是指在校学生向各类借贷平台借钱的行为，严格来说可以分为五类。

1. 电商背景的电商平台

淘宝、京东等传统电商平台提供的信贷服务，如花呗、借呗、备用金、京东校园白条等。

2. 消费金融公司

如趣分期、任分期等，部分还提供较低额度的现金提现。

3. P2P 贷款平台（网贷平台）

用于学生助学和创业，如名校贷等。因国家监管要求，包括名校贷在内的大多数正规网贷平台均已暂停校园贷业务。

4. 线下私贷

民间放贷机构和放贷人这类主体，俗称高利贷。高利贷通常会进行虚假宣传、线下签约、做非法中介、收取超高费率，同时存在暴力催收等问题，受害者通常会遭受巨大财产损失甚至自身安全威胁。

5. 银行机构

银行面向学生提供的校园产品，如招商银行的"学生闪电贷"、中国建设银行的"金蜜蜂校园快贷"、青岛银行的"学 e 贷"等。

近年来，在校学生旺盛的消费需求和超前的消费观给非法校园贷提供了成长的温床。这些非法校园贷背后隐藏着极大的危机，有的学生面对还款压力，选择"以贷养贷"，从而债台高筑；还有的学生因无力偿还校园贷，长期遭受暴力催债的骚扰。非法校园贷乱象丛生，侵害了广大学生的合法权益，造成了非常恶劣的社会影响。

案例：

不良校园贷套路多、危害大

小张是西安一所科技学院的学生。大二期间，有朋友诓骗他说网络上有一种投资，回报相当丰厚，禁不住诱惑的他开始迷上了网络赌博。最初的时候有输有赢，到后来就深深地陷进去了，先后输掉了十来万，小张将自己的学费以及从亲朋好友处借来的几万元凑在一块也不够还输掉的钱。"也就是在这时候，一个社会上的人向我推荐了校园贷。"小张说，对方知道他急需要钱解决问题，就向他宣称通过一些网络平台贷款，手续简单，利息不高，很快能解决问题。

"我当时一看利息似乎真的不是很高，就接受了那人的建议贷了款，把网上赌博所欠的钱还了。"小张说，但让他没想到的是，虽然表面看上去利息不高，但加上一些手续费、管理费，亏空越来越大。他不断地通过一个又一个平台借款来弥补之前的欠款，产生手续费、管理费，加上利息，欠债的窟窿不断增大。小张说，他先后在十几个平台

图 5-6　网络校园贷

上借过钱，如今已经滚成十多万的巨额债务。

无独有偶，河南某高校的一名在校大学生李某，用自己身份以及冒用同学的身份，从不同的校园金融平台获得无抵押信用贷款高达数十万元，无力偿还。福建大四学生余某，自创青鸟创联的金融服务公司，骗取同学身份信息，在 8 家网贷平台上贷款，涉及 19 名学生，总金额高达 70 余万元。吉林一高校学生梁某，联合校园贷客户经理及线下代理商找学生"刷单"，导致学生巨额钱财被骗。

（二）远离非法校园贷

2016 年 4 月，教育部与银监会联合发布了《关于加强校园不良网络借贷风险防范和教育引导工作的通知》，明确要求各高校建立校园不良网络借贷日常监测机制和实时预警机制，同时，建立校园不良网络借贷应对处置机制。

2017 年，原中国银监会印发的《关于进一步加强校园贷规范管理工作的通知》中明确指出，未经银行业监督管理部门批准设立的机构不得进入校园为大学生提供信贷服务。现阶段一律暂停网贷机构开展的在校大学生网贷业务。因此，在各种校园贷类型中，仅商业银行和政策性银行在风险可控的前提下才可以开展校园贷服务，其他校园贷一律属于违规校园贷。

1. 要提高防骗意识，妥善保管个人信息

很多校园贷诈骗的发生大都是因个人信息泄露被不法分子盗用所导致的。在校学生要提高警惕，妥善保管个人身份信息和其他重要信息，防止被他人盗用。

2. 要通过正规金融机构办理金融业务

在校学生要掌握基本的理财技能，学会使用各类金融工具。如确有正当消费需求，应通过正规金融机构办理相关金融业务，切不可轻信不法分子的诈骗诱饵，让非法校园贷钻空子。

3. 要养成正确的金钱观和消费观，让消费回归理性

校园贷的风行与学生的不良消费心理和消费习惯息息相关。一旦过度消费，资金断流，就容易进入非法校园贷的圈套。

4. 要学习了解相关法律法规，掌握保护自己的能力

一是要了解国家利率有关规定，避免高息贷款侵害。二是要学会保护自己，如果参与非法校园贷后收到欺诈或遭受恐吓、威胁、非法拘禁等暴力催

收的学生，要及时保留相关证据并第一时间向公安机关报案寻求帮助。

 体 验 活 动

书写志愿书并签字

我坚决做到远离校园贷，不参与网络赌博！我会合理消费，拒绝诱惑，坚决抵制各种类型、各种形式的"套路贷""校园贷"。

签名：

_____

_____

_____。

第二节 网络成瘾

周六下午，爸爸出差，妈妈加班，孟俊一个人在家里。刚写了一会儿作业，他就不想写了，于是打开电脑，玩起了网络游戏。他一边玩一边想：爸爸妈妈都不在家，终于没有人管我了，可以好好玩。一眨眼，天黑了，孟俊抬头看钟，不知不觉已经七点了。"妈妈让我自己热饭吃，好像肚子还不饿，再打一会吧。"孟俊自言自语，游戏又进入下一关。

图 5-7 网瘾少年

妈妈回来时，孟俊正目光炯炯地盯着电脑屏幕。这时已经夜里十一点，他晚饭还没吃，作业也没写……

这幅画让你想到什么？当你遇到网络的诱惑时，你通常会怎么做？

一、网络成瘾的基本类型

(一) 网络游戏成瘾

网络游戏成瘾是最早引起人们注意的网络成瘾症，也是我国青少年网络成瘾群体最多的类型。个别同学在现实生活中因为各种原因所遇到的困难和挫折无处排解，通过网络这个平台找到了一个心理的平衡，享受网络特有的平等、自由、成功和刺激的感觉，并且用依赖、迷恋网络游戏的方法来维持这种脱离现实的平衡状态。

(二) 网络交际成瘾

青少年正处于心理发育的关键时期，网络提供了一个虚拟的社交平台，成为互相倾诉的途径。个别学生在现实生活中不愿意和同学直接交往，表现得非常不合群，但喜欢在网络上与他人交流，经常利用各种聊天软件及网站

的聊天室进行人际交流，逐渐漠视现实生活中的人际关系。

（三）网络信息成瘾

由于网络信息资源传播快速便捷、传播量大，青少年通过网络获取信息的行为方式不再受时间、空间等客观因素的约束，在网络上可以更方便快捷地获取学习资源、浏览新闻消息、阅读休闲娱乐性网络作品、在线视听等，部分学生便形成了过度依赖网络信息的问题，表现出浏览书籍、报纸的时间越来越少，远离书本和课堂。

（四）网络色情成瘾

青少年出于好奇或冲动的心理寻找些色情、低俗、暴力等有害信息，并借以获得感官刺激。色情、低俗、暴力等有害信息就像是互联网的一大毒瘤，存在于网络的各种平台中。相关平台需要加强平台治理能力，利用图像识别等先进技术，通过强化检查监控制度，加强内容发布和资质审核门槛等多重举措，为青少年健康成长营造洁净的氛围。

（五）计算机依赖成瘾

计算机依赖成瘾的青少年不可抑制地长时间操作计算机或上网浏览网页、玩游戏等，经常漫无目的地在网上查看，收集无用的、无关紧要的或者不迫切需要的信息，每天上网时间都多达5~6个小时。个别学生难以控制对上网的需要或冲动，经常熬夜上网，长时间地游荡在虚幻的环境中，对现实生活或学习不感兴趣。

二、网络成瘾的危害

（一）严重影响青少年的身体健康

长时间、无节制地沉迷网络对青少年的身体健康是一种严重的摧残。长时间看着电脑屏幕，视力会受到极大的破坏，会感到眼花、眼干、眼涩、眼胀，严重的还会导致角膜炎和视网膜脱落。长时间保持坐姿，会引发颈椎病和腰椎病，破坏身体的运动能力和协调性。长时间玩网游，大脑处于高度亢奋状态，又得不到休息，可能出现神经衰弱，体内激素水平失衡，使免疫力下降，更极端的可能导致猝死。

（二）影响青少年正常的学习

有些青少年沉迷网络之后，便耗费了他们大量本应用于学习、休息和课余活动的时间，严重影响了他们正常的学习和生活，造成严重分心，导致学习兴趣下降、学习目标丧失，上课注意力不集中，厌学、迟到、早退、旷课现象频频发生，学习成绩下降，多门课程不及格，辍学甚至无法完成学业。

（三）造成青少年的思想道德水平下降，法律意识淡薄

在网络的虚拟世界里，靠的是自我约束，青少年可以用虚拟的身份在网络世界中自由发挥、任意行为，这很容易淡化青少年的责任和诚信意识。在网络游戏中，青少年可以组成行会、帮派，为了争夺宝物、换取积分，他们可以在游戏中随意地杀掉其他人，长此以往，青少年看到的都是一些残酷无情、自私、冷漠的个性，可能造成道德缺失、法律意识淡薄、人性扭曲，甚至走上犯罪的道路。

（四）容易造成青少年人格异常和心理障碍

首先，沉迷网络的青少年整天面对机器，缺少真实的人与人之间的交往，容易形成孤僻、冷漠的性格。其次，网络游戏青少年大都隐匿自己的真实身份，以虚拟身份进入游戏，从而把自我分裂为虚拟的和现实的，而沉迷网络的青少年常常陶醉于虚拟自我的那种自由、畅快与洒脱中，不愿意面对现实的自我。因此，他们往往会不断地放大虚拟的自我，而回避现实的自我，形成双重自我经常错位的人格。当现实的自我遭遇挫折时，沉迷网络的青少年就容易产生心理焦虑和浮躁，情况严重者甚至引发各种心理疾病。

拓展阅读

上网可能引起的心理健康问题

1. 健康焦虑症/疼痛灾难化

由于互联网上充斥着大量令人恐慌的医疗信息，有些甚至是虚假信息，一些此前从未出现过健康焦虑症或者疼痛灾难化（在感觉到疼痛时往往朝最坏的方面想）想法的人也可能陷入这种恶性状态。

2. 孟乔森综合征

孟乔森综合征是指一种通过描述、幻想疾病症状，假装有病乃至主动伤害自己或他人，以取得同情的心理疾病。患者会将自己伪装成受害者和重病患者，以引起他人的重视。

3. 社交网站抑郁症

经常访问社交网站让少女更容易陷入焦虑和抑郁之中。在这些网站上，她们与同龄女孩讨论容易让人产生负面情绪的话题。这种交流重复的次数越多，她们的情绪就越消极。

4. 网络泄愤

网络泄愤本身可能并不会影响健康，但可以导致网络围捕和暴力行为。如果你是一个喜欢在网上泄愤的人，就应该对这种行为有所警惕。

5. 网络成瘾

网络成瘾具有渗透性，患者可能对任何网上活动上瘾。例如，访问聊天室、网上购物以及多人游戏等。其中网络游戏成瘾的危害最大，这种成瘾如同吸食海洛因，一旦上瘾便很难戒掉。

三、网络成瘾的防护

（一）积极看待电子产品

分享与讨论

如果你上网的话，是看网络小说还是游戏呢？如果玩游戏，你喜欢玩什么游戏？这个游戏有什么特点？

图 5-8 使用电子产品

1. 不同的游戏满足孩子不同的需要

电子游戏的四要素：与能力相对应的挑战、具体明确的目标、清晰的规则、及时反馈。X 者荣耀——社交游戏，一个班级 40 个孩子，有 30 个孩子都玩过，他不玩就不能融入集体，该游戏要联机才好玩，他想要有更多的连接。X 雄联盟——挑战自我，建构自己的想象空间。XX 大战僵尸——播种希望，收获快乐。

2. 在游戏中发现孩子不同的优势

每个孩子玩游戏的过程中表现也会不同：有些善于进攻，有些善于配合，有些喜欢当领导，有些喜欢挑战，有些喜欢感官刺激。

不可否认，电子产品可以帮助青少年进行具象化学习，促进知识的应用；可以帮助青少年理解关键技能，掌握认知信息；可以促进亲子互动，培养青少年情感技能。吸收电子游戏的积极要素，可以为生活注入活力。

（二）引导青少年科学上网的管理策略

但是，理解不代表同意，接纳不代表支持，开明不代表纵容。回看发生的网络安全事件，都是因为社会、学校、家庭和学生本人不够重视网络安全教育所导致的严重后果。网络安全教育是一个重要教育任务，走进青少年网络世界和内心世界，家校一起携手，有利于学生健康成长。

青春期（12~18岁）的发展特点

进入青春期后，青少年开始体会到自我概念问题的困扰，即开始考虑"我是谁"这一问题，体验着自我同一性与角色混乱的冲突。"同一性"是埃里克森自我发展理论中的一个重要组成部分，可以把它理解为社会与个人的统一，个体的主我与客我的统一，个体的历史性任务的认识与其主观愿望的统一。它是"一种熟悉自身的感觉，一种'知道个人未来目标'的感觉，一种从他信赖的人们中获得所期待的认可的内在自信"。

青少年勤奋的鼓励来自于此阶段的社会重要他人——家长、老师、同学、邻居和亲戚。如果青少年得到了同伴、家长，特别是老师的认可，会形成勤奋感和自我认同感，会形成一种对成为社会有用成员的自信心和自豪感。若青少年时期获得了自信与自尊，那他会获得基本的信任感、自主性、主动性、进取精神和勤奋美德，也就有了能力的品质，他的一生也会变得完整和健康。

1. 家庭网络教育的策略与方法

（1）对环境做出调整：减少人造光，用更小的屏幕，从更远的距离看，卧室无电子产品，使用有线连接等。

（2）制定使用电子设备的规则：想管理好孩子，先管理好自己；规定使用时间和地点；尽量避免同一时间从事多种不同的媒体活动。

（3）增加大脑健康整合的活动：参加非常专注的运动和活动，如瑜伽和冥

图5-9 使用电子产品

想；深睡眠和清淡饮食；亲近大自然，例如户外运动、爬山等。

分享与讨论

玩手机满足我的哪些需要？我每天玩手机的时间是多少？我使用手机做什么事情？我每天花多少时间和家人互动？我与家人互动的方式有哪些？

2.学校网络教育的策略与方法

青少年网络安全防范意识不够强，由于年龄偏低，知识结构不够完善，法律意识淡薄，在校期间容易受到网络上传播的种种不良信息的影响。学校不光要在学校安全教育里渗透一点网络安全知识，更是需要建立专门的机制，有计划、有组织的进行系统的教育。

（1）学校通过网络安全教育、理论知识、宣传阵地和完善的管理制度，使学生具备使用网络的基础知识、网络安全的法律意识、明辨是非的分辨能力，以及网络道德素质，从而能让学生自觉抵制网络垃圾的侵害，培养合理运用网络资源的能力。

（2）学校除了在计算机教学中必须有网络安全教育内容，其他课程的德育目标也要渗透网络安全教育方面的内容。除此之外，定期举行专题讲座、观看警示片等形式提高学生的网络安全教育意识。还可以利用宣传栏、板报、墙报等宣传阵地做好网络安全教育的宣传工作。

纸飞机互动游戏

网络给我们带来了哪些快乐和烦恼？请把它写在白纸上。将写好的纸折成纸飞机交给教师，教师将纸飞机放飞，寓意分享快乐和放飞烦恼。请学生任意拾起来一只不是自己的纸飞机，看看上面的快乐和烦恼是否自己也遇到过，你是否有好的解决方案？如果有，请把解决方案写在上面；如果没有，写下可以表达你的理解和支持的内容。

纸飞机原样折好，收齐交给教师，再次放飞，后重复训练。

第三节 网络安全教育

一、网络道德教育

传统的社会伦理道德在网络空间中显得苍白无力。为了规范和管理网络社会中的各种关系，伦理道德的手段被引入其中。网络道德是一种以"慎独"为特征的自律性道德。"慎独"意味着人独处时，在没有任何外在的监督和控制下，也能遵从道德规范，恪守道德准则。

弗洛伊德认为人格由本我、自我和超我构成，通俗地讲就是"我想""我能""我该"，分别对应"原始的人""现实的人""道德的人"。在现实生活中，人们往往以"超我"面目出现，在虚拟空间里，人们更多地以"本我"体现。传统社会的道德范式是以服从为主，而网络社会的道德范式则只有上升至道德习惯和道德信念的高层次上才具有自律性，才能有效地规范个体的网络行为。

目前为止，很多国家都在信息道德建设方面给予了极大的关注。其中很多团体、组织，尤其是计算机专业的组织，纷纷提出了各自的伦理道德原则、伦理道德戒律等，比较著名的主要有：计算机伦理十戒、南加利福尼亚大学网络伦理声明等。

（一）美国计算机伦理协会制定的"计算机伦理十戒"

· 你不应该用计算机去伤害他人

· 你不应该去影响他人的计算机工作

· 你不应该到他人的计算机文件里去窥探

· 你不应该到他人的计算机去偷盗

· 你不应该用计算机去做假证

· 你不应该拷贝或使用你没有购买的软件

· 你不应该使用他人的计算机资源，除非你得到了准许或给予了补偿

· 你不应该剽窃他人的精神产品

· 你应该注意你正在写入的程序和你正在设计的系统的社会效应

·你应该始终注意，你使用计算机时是在进一步加强你对你的人类同胞的理解和尊敬

（二）我国的有关规定

在我国，对信息伦理道德的研究也已经有较长的历史。一些组织也纷纷提出了自己的伦理道德准则。

1. 1995 年，中国信息协会通过了《中国信息咨询职务工作者的职业道德准则的倡议书》，提出了我国信息咨询服务工作者所应当遵循的道德准则，这些道德准则涉及信息咨询服务的基本指导思想、咨询服务中的职业道德等诸多方面。

2. 2002 年，首届中国互联网大会在上海国际会议中心召开，这是我国互联网行业的一次规模最大、层次最高的大会。2014 年，首届世界互联网大会在乌镇举办。2018 年，第五届世界互联网大会在乌镇举办，主题为"创造互信共治的数字世界——携手共建网络空间命运共同体"。2019 年，第十八届中国互联网大会在北京举行，主题为"创新 求变 再出发——优质发展谱新篇"。

3. 2006 年，国内新浪网、搜狐网、中华网等 14 家网站联合向全国互联网发出倡议。坚持唱响"主旋律"，坚持传播有益于提高民族素质、推动经济社会发展的信息，努力营造积极向上、和谐文明的网上舆论氛围。

4. 2012 年，中国互联网协会发布《中国互联网协会抵制网络谣言倡议书》。

（1）树立法律意识，严格遵守国家和行业主管部门制定的各项法律法规，以及中国互联网协会发布的行业自律公约，不为网络谣言提供传播渠道，配合政府有关部门依法打击利用网络传播谣言的行为。

（2）积极响应"增强国家文化软实力，弘扬中华文化，努力建设社会主义文化强国"的战略部署，制作和传播合法、真实、健康的网络内容，把互联网建设成宣传科学理论、传播先进文化、塑造美好心灵、弘扬社会正气的平台。

（3）增强社会责任感，履行媒体职责，承担企业社会责任，依法保护网民使用网络的权利，加强对论坛、微博等互动栏目的管理，积极引导网民文明上网、文明发言，坚决斩断网络谣言传播链条。

（4）坚持自我约束，加强行业自律。建立、健全网站内部管理制度，规

范信息制作、发布和传播流程，强化内部监管机制；积极利用网站技术管理条件，加强对网站内容的甄别和处理，对明显的网络谣言应及时主动删除。

（5）加强对网站从业人员的职业道德教育，要求网站从业人员认真履行法律责任，遵守社会公德，提高从业人员对网络谣言的辨别能力，督促从业人员养成良好的职业习惯。

（6）提供互动信息服务的企业，应当遵守国家有关互联网真实身份认证的要求，同时要做好保护网民个人信息安全工作，提醒各类信息发布者发布信息必须客观真实、文责自负，使每个网民承担起应尽的社会责任。

（7）自觉接受社会监督，设置听取网民意见的畅通渠道，对公众反映的问题认真整改，提高社会公信力。

（8）希望广大网民积极支持互联网企业抵制网络谣言的行动，自觉做到不造谣、不传谣、不信谣，不助长谣言的流传、蔓延，做网络健康环境的维护者，发现网络谣言积极举报。

案例：

伪造照片网上传播

图5-10　伪造照片

2018年8月21日，一张"灶台被街道办事处张贴封条"的照片在网上流传，有网友发布微博并配文称："临潼区西泉街道办环保工作做得很扎实，其实直接弄胶带把群众嘴封住一切就万事大吉。"这则微博引发大量网友关注。

当日，西安市公安局网络安全保卫支队的"西安网警巡查执法"微博账号对此事进行了辟谣，并组织公安临潼分局开展调查工作。经查，8月20日，网民于某某将临潼区西泉街道对"散乱污"企业进行整治时贴在机器上的封条，私自揭下来贴在自家灶台并拍照传播。

随后，网民于某、张某在看到图片并且在未核实该内容真实性的情况下，在微信朋友圈及微博平台公开发布，引发大量转发，造成恶劣社会影响。3人均对违法行为后悔不已，均对自己虚构事实、扰乱公共秩序的违法行为供认不讳。公安临潼分局分别对于某某处以行政拘留七日、于某某处以行政拘留5日、张某处以行政罚款500元的处罚。

民警再次提醒，网络不是法外之地，广大网友在网络活动中要坚守底线，在互联网上散布不实信息造成社会恶劣影响的，公安机关将予以坚决打击，依法惩处。同时，警方也希望广大市民不信谣、不传谣，坚决抵制、积极举报造谣和传谣等违法犯罪行为，共同维护健康有序的网络环境。

作为一种随着信息技术的产生和信息化的深入而逐渐提上日程的道德规范，信息道德的建设对于世界各国来说，都是一个需要继续努力的重要课题。作为一个发展中国家，我国更应该根据现有的信息伦理道德水平，借鉴国外的研究成果，加强宣传和教育。不仅仅要加强青少年的信息伦理道德的教育，更应该致力于全民的信息伦理道德建设，从而提高信息行为主体的文明意识和道德水平，使他们能够更好地在信息社会中自爱、自律，为共同促进信息社会的发展而努力。

二、网络法律教育

网络世界被人们称为虚拟世界，而实际上，随着互联网与经济社会联系日益密切，网络世界已显现化为现实生活的一个组成部分，它是现实世界的延伸和拓展。这个虚拟世界来自于现实，最后又回归到现实，并且影响着现实。现实世界社会公民的社会活动都要受到道德及法律的约束，而作为现实世界的一个子集，虚拟空间网民的言行也不应当超越现实，游离在道德和法律框架之外。网络空间的任何活动，都要受法律的约束。依法对互联网进行管理，是世界各国通行的做法。

图5-11　网络安全法

（一）世界各国的法律规定

在互联网的发源地——美国，人们在享受互联网所带来便利的同时，也深受网上造谣、诽谤行为的侵扰。美国司法部门通过一系列法律的制订，严惩网上造谣违法行为。在美国，有《联邦禁止利用电脑犯罪法》《电脑犯罪法》《通讯正当行为法》《儿童互联网保护法》等约 130 项法律、法规，对包括谣言在内的网络传播内容加以规制。

案例：

黑客侵入美国电脑网络

2013 年 7 月 25 日，美国联邦调查机构对 5 人提起公诉，称他们侵入美国电脑网络，盗取银行卡数据，使得一些公司损失超过 3 亿美元。专家指出，这是美国历史上最大一起黑客诉讼案。

报道称，在新泽西州纽瓦克市法院举行的听证会上，检察官称这起案件是美国历史上最大的黑客攻击案。4 名俄罗斯公民和 1 名乌克兰公民受到指控。按照调查机构的资料，他们侵入电脑网络，盗取银行卡数据。

按照检方说法，上述 5 人在过去数年内侵入多家大公司的电脑网络，从中窃取超过 1.6 亿张信用卡和借记卡，尔后把卡卖给其他买方。损失估计高达几亿美元。

在韩国，《电子通讯基本法》规定，以危害公共利益为目的，利用电子通讯设备公然散播虚假信息的人，将被处以 5 年以下有期徒刑，并缴纳最高 5000 万韩元（约合 25 万元人民币）罚款。

在德国，《德国刑法典》规定，蓄意传谣者应被处以最高 6 个月监禁或罚款。

在泰国，2007 年出台的《电脑犯罪法》规定，网上传谣情节严重者，可以判处最多 5 年监禁和最高 10 万泰铢的罚款。

在印度，2000 年 6 月颁布的《信息技术法》规定，对在网上散布虚假、欺诈信息者，最高可判处 3 年有期徒刑。对故意利用计算机技术、破坏国家安全或对国民实施恐怖主义行为者，可判处有期徒刑直至终身监禁。

（二）我国有关信息网络安全的法律体系框架

我国自 1994 年颁布第一部有关信息网络安全的行政法规《中华人民共和国计算机信息系统安全保护条例》以来，伴随着信息技术特别是互联网技术的飞速发展，与信息网络及其安全有关的包括法律、行政法规、部门规章及其规范性政策在内的法律政策体系已经基本形成。

我国现行的有关信息网络安全的法律体系框架分为三个层面。

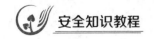

1. 法律

主要包括：《中华人民共和国宪法》《中华人民共和国刑法》《中华人民共和国治安管理处罚条例》《中华人民共和国刑事诉讼法》《全国人大常委会关于维护互联网安全的决定》等。这些基本法的规定，为我国建立和完善信息网络安全法律体系奠定了良好的基础。

我国《宪法》规定"公民有言论自由"，同时《宪法》也明确规定"公民在行使自由和权利的时候，不得损害国家的、社会的、集体的利益和其他公民的合法的自由和权利。"可见，言论自由既是一种权利，也相应地附有义务。一个人行使言论自由权利，应当以不损害国家、社会、集体和他人的权益为前提。

我国刑法对以造谣等方式煽动颠覆国家政权、编造并且传播影响证券交易的虚假信息、捏造并散布损害他人商业信誉和商品声誉的虚伪事实、编造恐怖信息等行为作出有罪规定。

《中华人民共和国治安管理处罚法》第二十五条规定，对"散布谣言，谎报险情、疫情、警情或者以其他方法故意扰乱公共秩序的"，处五日以上十日以下拘留，可以并处五百元以下罚款；情节较轻的，处五日以下拘留或者五百元以下罚款。

2. 行政法规

主要包括：《计算机软件保护条例》《中华人民共和国计算机信息系统安全保护条例》《中华人民共和国计算机信息网络国际联网管理暂行规定》《互联网信息服务管理办法》等。

3. 部门规章及规范性文件

主要包括《计算机信息系统安全专用产品检测和销售许可证管理办法》《计算机病毒防治管理办法》《互联网电子公告服务管理规定》等。

（三）全国人大常委会关于维护互联网安全的决定

2000 年 12 月 28 日全国人大颁布的《关于维护互联网安全的决定》（以下简称《决定》），该《决定》系统总结了目前网络违法和犯罪的共 6 大类 18 项典型行为。对于保障互联网的运行安全，维护国家安全和社会稳定，维护社会主义市场经济秩序和社会管理秩序，保护公民、法人和其他组织的合法权益，具有重大意义，是中国网络安全立法的标志性法律。

根据上述《决定》，中国法律重点打击网络犯罪的常见类型包括以下几种。

1. 危害计算机信息系统安全方面的犯罪，主要包括以下 3 种

（1）非法侵入计算机系统，即指侵入国家事务、国防建设、尖端科学技术领域的计算机信息系统的行为。

（2）非法破坏计算机系统，即指故意制作、传播计算机病毒等破坏性程序，攻击计算机系统及通信网络，致使计算机系统及通信网络遭受损害的行为。

（3）非法中断网络服务，即指违反国家规定，中断计算机网络或者通信服务，造成计算机网络或者通信系统不能正常运行的行为。

2. 危害国家安全方面的犯罪，主要包括以下 4 种

（1）造谣、诽谤和煽动，即指利用互联网造谣、诽谤或者发表、传播其他有害信息，煽动颠覆国家政权、推翻社会主义制度，或者煽动分裂国家、破坏国家统一的行为。

（2）窃取、泄露国家秘密，即通过互联网窃取、泄露国家秘密、情报或者军事秘密的行为。

（3）破坏民族团结，即指通过互联网煽动民族仇恨、民族歧视，破坏民族团结的行为。

（4）组织邪教活动，即指利用互联网组织、邪教组织、联络邪教组织成员，破坏国家法律、行政法规实施的行为。

案例：

发表辱国言论的精日分子事件

精日分子是精神上把自己视同为日本人的人群。"精日"，即"精神日本人"简称，指极端崇拜日本军国主义、仇恨本民族，在精神上将自己视同军国主义日本人的非日籍人群。

2018 年 4 月 19 日~20 日，厦门大学环境与生态学院在读研究生田某以"@洁洁良"的网名在新浪微博上发表错误言论，"你以为 CHINA 的英文是怎么来的？CHI NA 即支那"一度上了热搜榜，产生了十分恶劣的社会影响。"精日"一词再次出现在公众的视野当中。在"洁洁良"事件中，"主人公"

是党员，正在读厦门大学的研究生，这两种身份特征值得我们警惕：精日分子的成分构成已由原来的以低知识阶层为主逐渐向多元化构成转变，其中不乏像田某这样接受过高等教育的知识分子。

这位网红人物田某在网络上大肆散播侮辱祖国和母校的言论，引发了大家的极大愤慨。而在现实中，田某还是大家眼中公认的好学生，学习成绩优异、奖金学拿到手软，同时还是党员，硕士和博士都是被保送的。在现实中和网络中的巨大差异，让人真的看不懂。而在这一事件被爆出后，厦门大学顶住了巨大的舆论压力，仅仅给了其一个留校察看的处分，当时厦大更是被舆论推到了风口浪尖。舆论普遍认为对此类学生处罚过轻，开除是必须的。当时这一事件引发了大家的广泛关注，而在事件发生的134天后，"洁洁良事件"终于有了最终的结果。田某被开除党籍并退学，这份结果虽然来得迟了一点，但毕竟还是来了。

2018年3月8日，在侵华日军南京大屠杀遇难同胞纪念馆录制视频寻衅滋事的男子被南京警方行政拘留8日。此前，还有两名男子身着仿制日本二战军服在南京抗战遗址前拍照，后被处以行政拘留15天。

3. 扰乱社会主义市场经济秩序和社会管理秩序方面的犯罪，主要包括以下5种

(1) 销售伪劣产品和虚假广告，即指利用互联网销售伪劣产品或者对商品、服务作虚假宣传的行为。

(2) 侵犯商誉，即指利用互联网损害他人商业信誉和商品声誉的行为。

(3) 侵犯知识产权，即指利用互联网侵犯他人知识产权的行为。

(4) 编造或传播虚假金融信息，即指利用互联网编造并传播影响证券、期货交易或者其他扰乱金融秩序的虚假信息的行为。

(5) 传播淫秽信息，即指在互联网上建立淫秽网站、网页，提供淫秽站点链接服务，或者传播淫秽书刊、影片、音像、图片的行为。

4. 侵犯人身、财产权利的犯罪，主要包括以下3种

(1) 侮辱、诽谤他人，即指利用互联网侮辱他人或者捏造事实诽谤他人的行为。

(2) 侵犯公民通信自由和通信秘密，即指非法截取、篡改、删除他人电子邮件或者其他数据，侵犯公民通信自由和通信秘密的行为。

（3）网络盗窃、诈骗、敲诈勒索，即指利用互联网进行盗窃、敲诈、勒索的行为。

5. 利用互联网实施的其他犯罪行为，依据刑法有关规定追究刑事责任。

6. 利用互联网实施违法行为，违反治安管理，尚不构成犯罪的，由公安机关依照《治安管理处罚法》予以处罚；违反其他法律、行政法规，尚不构成犯罪的，由有关行政管理部门依法给予行政处罚；对直接负责的主管人员和其他直接责任人员，依法给予行政处分或者纪律处分。

利用互联网侵犯他人合法权益，构成民事侵权的，依法承担民事责任。

面对复杂严峻的网络安全形势，我们要保持清醒头脑，各方面齐抓共管，切实维护网络安全。我们要树立正确的网络安全观，保障网络安全，促进有序发展。没有网络安全就没有国家安全，没有信息化就没有现代化。

习近平总书记强调："要提高网络综合治理能力，形成党委领导、政府管理、企业履责、社会监督、网民自律等多主体参与，经济、法律、技术等多种手段相结合的综合治网格局。"建设网络强国，离不开政治、经济、社会、文化等领域全面发展的坚实基础。

同样，网络强国的中国实践是以人民为本的，我国网络空间的拓展与巩固，靠的就是全民参与、共享共治。办网站的不能一味追求点击率，开网店的要防范假冒伪劣，做社交平台的不能成为谣言扩散器，做搜索的不能仅以给钱的多少作为排位的标准。广大互联网企业要坚持经济效益和社会效益统一，在自身发展的同时，饮水思源，回报社会，造福人民。

网络要传播正能量，提升传播力和引导力。要严密防范网络犯罪特别是新型网络犯罪，维护人民群众利益和社会和谐稳定。要发挥网络传播互动、体验、分享的优势，凝聚社会共识。网上网下要同心聚力、齐抓共管，形成共同防范社会风险、共同构筑同心圆的良好局面。

■ 复习思考题：

1. 说一说网络带给我们的利和弊？

2. 说一说网络环境存在的问题？

3. 网瘾的判断标准有哪些？怎样采取措施戒除网瘾？

4. 网络安全教育有_____教育和_____教育两个部分。

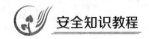

5. 教师组织学生制定《日均上网不超过 2 小时》的行动计划，并使用打卡软件，每天进行打卡软件考勤，坚持一周。让学生通过行动觉察网瘾的危害。

《日均上网不超过 2 小时》的一周行动计划

_____

_____

_____

_____

_____

_____ 。

第六章　生活安全

导言

　　学习生活是人生历程中最绚丽多彩的一段旅程，在这美好的时光里，最基本的是要保证我们的安全，它是一切美好的首要条件和基础保障。本章主要讲解消防安全、食品安全、意外伤害和自然灾害应对等方面的安全知识，有助于同学们安全顺利地度过学习生活。

第一节 消防安全

案例导读

  2008年5月5日，北京某28号楼6层女生宿舍发生火灾，楼内浓烟弥漫，6层的能见度不足10米。着火宿舍楼可容纳学生3000余人，火灾发生时大部分学生都在楼内，所幸消防员及时赶到，千名学生被紧急疏散，没有造成人员伤亡。宿舍最初起火部位为物品摆放架上的接线板，当时该接线板插着两台可充电台灯，以及引出的另一接线板。因插头连接不规范，且长时间充电造成电器线路发生短路，火花引燃附近的布帘等可燃物，蔓延向上造成火灾。

  俗话说"水火无情"，一个小小的火苗可以使大自然的宝贵资源遭到破坏，可以使人类创造的物质、精神财富化为灰烬，可以无情地夺走人最宝贵的生命。火善用则为福，不善用则为祸。火可以给人光明，也可以给人温暖。但如果使用不当，就可能发生意外。"祸在一瞬，防在平时"，让我们从平时做起，珍爱生命，做好防火工作，学习消防知识，以避免灾难的发生，维护自身和他人的生命健康。

一、如何防止火灾事故发生

（一）自觉遵守消防法律法规，增强防火安全意识

  1. 不私自接拉临时电线。接拉临时电线极易导致供电线路超负荷，引发火灾。

  2. 不在宿舍使用电炉、电热器等电热设备。这些电热设备用电功率比较大，易导致供电线路超负荷，引发火灾。

  3. 不乱焚烧杂物。焚烧杂物中遗留火种或失去控制时，容易造成火灾。

  4. 不将台灯靠近可燃物。台灯点燃时间过长，灯头容易发热，如果靠近可燃物，则易发生火灾。

  5. 做到人走断电。人离开房间时要关掉电器开关，拔下电源插头，确保

电器彻底切断电源。

(二) 确保消防设施、设备和灭火器材长期处于良好状态

建筑物内的消防设施、设备和灭火器材，均是为了保证消防安全的。一旦发生火情，这些设备将起到报警、引导大家疏散、防止火势蔓延和扑救火灾的作用。所以，我们必须了解这些设施、设备和灭火器材的用途和使用方法，并保护这些设施、设备和灭火器材长期处于良好状态。

目前建筑物内设置的消防设施、设备和灭火器材有以下几种：

1. 防火报警设备，用于监测火灾。防火报警的手报按钮和烟感探头，一般安装在人员集中场所或重点部位，一旦出现火情，它将发出火灾报警信号。

2. 应急照明灯和疏散指示标志，是引导人们疏散的。应急照明灯和疏散指示标志，一般安装在疏散通道内或安全出口处，一旦发生火灾，供电中断，人们利用应急照明灯提供的照明，按照疏散指示标志指示的方向，疏散到安全地点。

3. 疏散通道和安全出口，是用来紧急疏散的。安全出口设在人员集中的场所，正常情况下它是关闭的，但遇紧急情况它必须能及时打开。疏散通道必须随时保证畅通，一旦发生火灾，人员能及时地通过疏散通道和安全出口，疏散到安全地点。

4. 防火门，是用来阻止火势蔓延的。防火门一般安装在较大建筑物的楼道里，它将建筑物分隔成若干个防火区域，并安装有闭门器，保证防火门常处关闭状态。一旦发生火灾，它将隔断浓烟和有毒气体并阻止火势蔓延。

5. 消火栓，是用来扑救火灾的。消火栓分为室外消火栓和室内消火栓。室外消火栓设在建筑物周围，室内消火栓设在建筑物内。消火栓是扑灭火灾的主要水源。一旦发生火灾，可在消火栓上接入水带取水灭火。

6. 灭火器，是用来扑救初期火灾的，一旦发现火情，可用附近的灭火器进行扑救。

二、火场逃生

每个人都在祈求平安，但"天有不测风云，人有旦夕祸福"，一旦火灾降临，在浓烟毒气和烈焰包围下，不少人葬身火海，但也有人幸免于难。"只有绝望的人，没有绝望的处境"，当我们每个人面对滚滚浓烟和熊熊烈火时，只要冷静机智地运用火场自救与逃生知识，就极大可能拯救自己。因此，多掌握一些火场自救的知识，困境之中也许就能获得第二次生命。

（一）参加消防演练，才能遇火不慌

各单位均要在本单位或重点部位进行疏散演练，我们作为工作、学习或生活在这一环境之中的每个人，应积极主动参加，只有具备了疏散常识和亲身经历，你才会遇火不慌。

请牢记：要想遇火不慌，必先练。

（二）熟悉环境，牢记疏散通道和出口

当你处在陌生的环境时，如入住酒店、商场购物、进入娱乐场所时，为了自身安全，务必留心疏散通道、安全出口及楼梯方位等，以便关键时刻能尽快逃离火场。

发生火灾时，要迅速向安全出口方向逃生

图6-1 安全出口

请牢记：一定要居安思危，给自己预留一条通道。

名　　称：地面疏散标识

规　　格：15cm×30cm

配置要求：出入口、主通道，8~10米/个

说　　明：地面疏散标识是一种具有无限次在亮处吸光、暗处发光的消防指示牌，它可挂、可贴，主要用于在火灾发生时在黑暗场所自动发光，指示安全通道、安全门。

图6-2 地面疏散标识

名　　　称：**空中紧急疏散标示牌**

规　　　格：**15cm×30cm**

配置要求：出入口、主通道，8~10米/个

说　　　明：空中紧急疏散标示牌和消防应急灯一样是一种自动充电的照明灯，当发生火灾或停电时，紧急疏散标示牌会自动工作发光，指示人们安全通道和出口的位置。

图6-3　空中紧急疏散标识

（三）扑灭小火，惠及自己和他人

当发生火灾时，如果发现火势并不大，尚未对人造成很大威胁，而且周围又有足够的灭火器材，应奋力将小火控制，千万不要惊慌失措地乱叫乱窜，置小火于不顾而酿成大灾。

请牢记：争分夺秒才能扑灭初期火灾。

（四）保持镇静，辨明方向，迅速撤离

突遇火灾，面对浓烟和烈火，首先要强令自己保持镇静，迅速判断危险地点和安全地点，决定逃生的办法，尽快撤离险地。千万不要盲目地跟从人流，相互拥挤、乱跑。撤离时要注意，朝空旷地方跑，要尽量往楼下跑。若通道已被烟火封堵，则应背向烟火方向离开，通过阳台、气窗、天台等往室外逃生。

路线被封锁时，通过挥舞衣服、呼叫、打手电等方式向窗外发送信号，等待救援。

图6-4　等待救援

请牢记：遇事沉着冷静才能想出好办法。

（五）简易防护，蒙鼻匍匐

逃生时经过充满烟雾的路线，要预防中毒和窒息。为了防止浓烟呛人，可采用毛巾、口罩蒙住口鼻，匍匐撤离的办法。烟气较空气轻而飘于上部，

贴近地面烟气较少。穿过烟火封锁区时可向头部、身上浇冷水或用湿毛巾、棉被等将头、身裹好再冲出去。

请牢记：多一层防护就多一分安全。

浓烟情况下逃生要使身体尽量靠近地面，并用湿毛巾捂住口鼻。

图6-5　蒙鼻匍匐

烟气会导致呼吸过程受阻或异常，使全身各器官组织缺氧。当人体内严重缺氧时，器官和组织会遭受广泛损伤、坏死，尤其是大脑。在一氧化碳浓度达1.3%的空气中，人吸入两三口空气就会失去知觉，呼吸1~3分钟就会导致死亡，而常用的建筑材料燃烧时所产生的烟气中，一氧化碳的含量高达2.5%。

（六）善用步道，不用电梯

建筑物都会有两条以上的通道、楼梯和安全出口。发生火灾时，要根据情况选择较为安全的楼梯通道。除可利用楼梯外，还可以利用阳台、窗台等攀到安全地点。高层的建筑物发生火灾时，电梯可能断电，因为电梯井贯穿每个楼层，电梯运行会使火灾加快蔓延速度，而且电梯受热会变形，将人员困在电梯里。因此，千万不要乘普通电梯逃生。

请牢记：逃生时，千万不要乘普通电梯。

（七）缓降逃生，滑绳自救

高层、多层公共建筑内，一般都设有高空缓降器或救生绳。如没有这些设施，而安全通道又已被烟火封堵，你可以迅速利用身边的床单、窗帘、衣服等自制简易救生绳，用水泡湿后从窗台或阳台沿绳滑到下一层或地面，安全逃生。

请牢记：心细胆大，自制绳可逃生自救。

跳楼会危及生命，一定要慎之又慎。只有楼层在二层（7~8米）以下且非跳不可的情况下，可采取跳楼的方法逃生。跳楼时要借助器材，通常使用的有缓降器、救生袋、气垫、软梯、救生舷梯等。如果没有以上器材，跳楼前需先向地面扔一些棉被、枕头、床垫、大衣等柔软的物品，以便"软着陆"。地面物品准备好后，双手抓住窗框，翻身到窗外，用手扒住窗户，身体下垂，自然下滑，以缩短跳落高度，或者选择有石棉瓦车棚、水池、花圃、草地或枝叶繁茂的大树等处跳下。

(八) 避难场所，固守待援

假如用手摸房门已感到烫手，此时一旦开门，火焰与浓烟势必迎面扑来。逃生通道被切断，且短时间内无人救援时，可采取创造避难场所、固守待援的办法。首先关紧迎火的门窗，用湿毛巾或湿布塞堵门缝或用水泡湿棉被蒙上门窗，然后，不停地往上浇水，防止烟火渗入，固守在房内，直到救援人员到达。

请牢记：坚盾何惧利矛。

(九) 缓晃轻抛，寻求救援

被烟火围困暂时无法逃离的人员，应尽量待在阳台、窗口等易于被人发现和能避免烟火近身的地方。在白天，可以向窗外晃动鲜艳衣物，或外抛轻型晃眼的东西；在晚上可以用手电筒不停地在窗口晃动或敲击东西，及时发出有效的求救信号，引起救援者的注意。因为消防人员进入室内都是沿墙摸索行进，所以在烟气窒息失去自救能力时，应努力滚到墙边或门边，便于消防人员寻找、营救；另外墙边也可防止房顶塌落砸伤自己。

请牢记：充分暴露自己，才能争取有效拯救自己。

(十) 火已及身，切勿惊跑

火场上的人如果发现身上着了火，千万不要惊跑或用手扑打，因为跑和扑打时会形成风，加速氧气的补充，促旺火势。当身上衣物着火时，应赶紧脱掉衣服或就地打滚，压灭火苗；能及时跳进水中或让人向身上浇水、喷灭火剂就更有效了。

请牢记：火已烧身就地滚，易行有效。

三、灭火有关知识

(一) 消火栓的性能和使用方法

1. 消火栓的性能

消火栓是与自来水管网直接连通的，随时打开都会有 3 公斤左右压力的清水喷出。它适合扑救木材、棉絮类火灾。

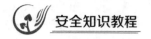
2. 消火栓的使用方法

室内消火栓一般都设置在建筑物公共部位的墙壁上，有明显的标志，内有水龙带和水枪。当发生火灾时，找到离火场距离最近的消火栓，打开消火栓箱门，取出水带，将水带的一端接在消火栓出水口上，另一端接好水枪，拉到起火点附近后方可打开消火栓阀门。

注意：在确认火灾现场供电已断开的情况下，才能用水进行扑救。

名　　称：**消防栓**
使用方法：

1. 取出消防栓内水带并展开，一头连接在出水接扣上，另一端接上水枪，缓慢开启球阀（严禁快速开启，防止造成水锤现象）。

2. 快速拉取橡胶水管至事故地点，同时缓慢开启球阀开关。

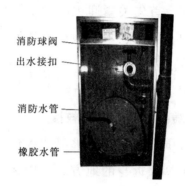

消防球阀
出水接扣
消防水管
橡胶水管

图 6-6　消防栓

名　　称：**消防水带**
使用说明：

1. 铺设时应避免骤然曲折，以防止降低耐水压能力，还应避免扭转，以防止充水后水带转动面使内扣式水带接口脱开。

2. 充水后应避免在地面上强行拖拉，需要改变位置时要尽量抬起移动，以减少水带与地面的磨损。

水带
接扣

图 6-7　消防水带

名　　称：**消防水枪**

使用说明：

直接连续在水带接扣使用。

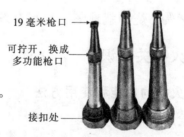

19毫米枪口
可拧开，换成多功能枪口
接扣处

图 6-8　消防水枪

（二）灭火器的性能和使用方法

1. 灭火器的性能

灭火器是用来扑救初期火灾的，目前一般学校配备的主要是手提式灭火器。

2. 灭火器的使用方法

将灭火器提到起火地点附近，站在火场的上风头：① 拔下保险销；② 一手握紧喷管；③ 另一手捏紧压把；④ 喷嘴对准火焰根部扫射；⑤ 喷射有效距离应保持在 1.5 米左右。

图 6-9 干粉灭火器

图 6-10 推车式灭火器

灭火器使用方法

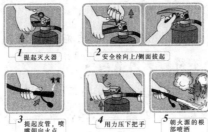

图 6-11 灭火器使用方法

（三）参加灭火的注意事项

火场是人员多、情况复杂的场所。要迅速有效地扑救火灾，必须统一指挥，才能保证灭火战斗的整体性和协调性，更好地完成灭火工作。

1. 一切行动听指挥。

2. 注意自身安全，避免伤亡。

3. 用水扑救带电火灾时，必须先将电源断开，严禁带电扑救。

4. 使用水龙带时防止扭转和折弯。

5. 灭液体火灾时（汽油、酒精）不能直接喷射液面，要由近向远，在液面上 10 厘米左右扫射，覆盖燃烧面切割火焰。

6. 注意保护现场，以利于火因调查。

（四）如何报火警

当火势较大、无力扑救时要迅速拨打"119"报警。拨打火警电话要做到：

1. 打电话时要情绪镇定。

2. 听到话筒里说"我是火警报警中心"时再报告火灾情况，要说清发生火灾的单位名称、详细地点、燃烧的物质、火势的大小、报警电话、报警人姓名等。

3. 要注意报警中心的提问，不要说完就放下电话。当对方说消防车马上就要到时再挂断，并且派人在路边等候，引导消防车迅速准确地到达火场，同时要将火灾情况报相关部门和派出所。

 拓 展 阅 读

个人的基本消防义务

1. 维护消防安全、保护消防设施、预防火灾。

2. 不得损坏或者擅自挪用、拆除、停用消防设施、器材，不得埋压、圈占消火栓，不得占用防火间距，不得堵塞消防通道。

3. 任何单位、成年公民都有参加有组织的灭火工作的义务。

4. 任何个人发现火灾时，都应该立即报警。任何单位、个人都应当无偿为报警提供便利，不得阻拦报警，严禁谎报火警。

 体 验 活 动

以班级为单位做一次消防演习，谈谈体会。

第二节 食品安全

在很多人看来，夏天天气炎热，食物不宜保存，冬天天气寒冷，食物肯定不容易变质，从而放松了对食物中毒的警惕。实际上，食物在冬季也会因各种原因产生毒性。据山东省德州市120急救调度指挥中心数据统计，2018年食物中毒事件已接83起，其中有因食用蘑菇、食用豆角、食用过期食品等各种情况导致的食物中毒。

4月26日，临邑县某小区一老年男性食用变质的食物出现呕吐；5月2日，陵城区某小区一中年女性食用蘑菇后出现呕吐、全身无力等症状；11月3日，临邑县某村一中年女性食用芸豆后头晕伴恶心3小时。德州120指挥中心提醒广大市民朋友，生活中一定要养成良好的习惯，像豆角、扁豆一定要炒熟煮熟后再吃，其他像土豆等别吃发芽的；不要自行采摘蘑菇、鲜黄花或不认识的植物食用；过期食品切勿继续食用。

如果出现食物中毒，急救刻不容缓，应立即停止进食引起中毒的可疑食物，保留剩下的食物或中毒者的呕吐物、排泄物等，同时采取应急措施。

食品安全是指食品无毒、无害，符合应当有的营养要求，对人体健康不造成任何急性、亚急性或者慢性危害。简单地讲，食品安全就是对人体健康、对生命安全、对食品的更高要求，就是没有受到环境的污染。

一、食品

根据《食品安全法》的规定，食品是指用于食用或者饮用的成品和原料以及按照传统既是食品又是药品的物品，但是不包括以治疗为目的的物品。食品应当无毒、无害，符合应当有的营养要求，具有相应的色、香、味等感官性状。

食物是人体生长发育、更新细胞、修补组织、调节各种生理机能所必不可少的营养物质，也是产生热量以保持体温恒定、从事各种活动的能量来源。

正因为食品中含有人体所必需的各种营养素和能量，所以它是人类维持生命与健康的必需品，是人类赖以进行一切社会活动的物质基础。没有食物，人类就不能生存。

图6-12 食品

食品的质量与人体健康、生命安全有着极为密切的关系。营养丰富的食品，有时会由于微生物的生长繁殖而引起腐败变质，或者是在生长、采收（屠宰）加工、运输、销售等过程中受到有害、有毒物质的污染，这样的食品一旦被人食用，就可能引发传染病、寄生虫或食物中毒，造成人体各种组织、器官的损害，严重者甚至会危及生命。更有一些假冒伪劣食品鱼目混珠，流入市场，对广大消费者的身体健康构成严重威胁。

（一）食品质量的感官鉴别

食品质量的感官鉴别就是凭借人体自身的感觉器官，具体地讲就是凭借眼、耳、鼻、口（包括唇和舌头）和手，对食品的质量状况作出客观的评价。也就是通过用眼睛看、鼻子嗅、耳朵听、用口品尝和用手触摸等方式，对食品的色、香、味和外观形态进行综合性的鉴别和评价。看食品的包装是否完整，厂名、厂址和商标等标识是否齐全，是否清楚标明生产日期、保质期，还要特别认清食品安全认证标志，即 QS 标志。任何食品需特别关注五个要件：厂名、厂址、生产日期、保质期、QS 标志。

（二）《食品安全法》规定禁止生产经营的食品

1. 用非食品原料生产的食品或者添加食品添加剂以外的化学物质和其他可能危害人体健康物质的食品，或者用回收食品作为原料生产的食品。

2. 致病性微生物、农药残留、兽药残留、重金属、污染物质以及其他危害人体健康的物质含量超过食品安全标准限量的食品。

3. 营养成分不符合食品安全标准的专供婴幼儿和其他特定人群的主辅食品。

4. 腐败变质、油脂酸败、霉变生虫、污秽不洁、混有异物、掺假掺杂或者感官性状异常的食品。

5. 病死、毒死或者死因不明的禽、畜、兽、水产动物肉类及其制品。

6. 未经动物卫生监督机构检疫或者检疫不合格的肉类，或者未经检验或者检验不合格的肉类制品。

7. 被包装材料、容器、运输工具等污染的食品。

8. 超过保质期的食品。

9. 无标签的预包装食品。

10. 国家为防病等特殊需要明令禁止生产经营的食品。

11. 其他不符合食品安全标准或者要求的食品。

图 6-13　食品安全

伪劣食品防范"七字法"

一、防"艳"。对颜色过分艳丽的食品要提防，如目前上市的草莓像蜡果一样又大又红又亮、咸菜梗亮黄诱人、瓶装的蕨菜鲜绿不褪色等，要留个心眼，是不是在添加色素上有问题。

二、防"白"。凡是食品呈不正常、不自然的白色，十有八九会有漂白剂、增白剂、面粉处理剂等化学品的危害。

三、防"长"。尽量少吃保质期过长的食品，3℃贮藏的包装熟肉禽类产品采用巴氏杀菌的，保质期一般为 7~30 天。

四、防"反"。就是防反自然生长的食物，如果食用过多可能对身体产生影响。

五、防"小"。要提防小作坊式加工企业的产品，这类企业的食品平均抽样合格率最低，触目惊心的食品安全事件往往在这些企业出现。

六、防"低"。"低"是指在价格上明显低于一般价格水平的食品，价格太低的食品大多有"猫腻"。

七、防"散"。散就是散装食品，有些集贸市场销售的散装豆制品、散装熟食、酱菜等可能来自地下加工厂。

七嘴八舌：列举常见的不良食品卫生行为。

二、养成良好的食品卫生习惯

1. 购买食品时要进行选择和鉴别，不购买"三无食品"，就是没有商标的食品不能买，没有生产日期的食品不能买，没有厂址的食品不能买。再就是要从食品标签上注意识别食品质量，选择安全的食品是把住病从口入的第一关。

2. 讲究个人卫生，坚持"勤洗手、喝开水、吃熟食"，养成良好的卫生习惯。若有腹泻和呕吐等肠胃不适，应及时到正规医疗机构就医。

3. 外出就餐时，切勿光顾流动小贩，要选择卫生条件好的、证照齐全的摊店，必要时，要求业主出示从业人员的健康证；同时，要多留个心眼，看看上述证件是否有效。

4. 做到六不吃，即不吃生冷食物、不吃不洁瓜果、不吃腐败变质食物、不吃未经高温处理的饭菜、不喝生水、不吃零食。

5. 不随便吃野菜、野果。野菜、野果的种类很多，其中有的含有对人体有害的毒素，缺乏经验的人很难辨别清楚。只有不随便吃野菜、野果，才能避免中毒，确保安全。

6. 不随意购买、食用街头小摊贩出售的劣质食品、饮料。这些劣质食品、饮料往往卫生质量不合格，食用、饮用会危害健康。

食品的保质期和保存期

保质期（最佳食用期）是指在标签上规定条件下保持食品质量（品质）的期限；保存期（推荐的最终食用期）是指在标签上规定的条件下，食品可以食用的最终日期，超过此期限，产品质量（品质）可能发生变化，食品不再适于销售和食用。

区别：过了保质期的食品未必不能吃，但过了保存期的食品就一定不能吃。

三、食物中毒

食物中毒泛指所有因为进食了受污染食物、致病细菌、病毒，又或被寄生虫、化学品或天然毒素（例如：有毒蘑菇）感染了的食物。根据如上各种致病源，食物中毒可以分为以下四类，即：化学性食物中毒、细菌性食物中毒、霉菌毒素与霉变食品中毒、有毒动植物中毒。

案例： 2017 年 4 月 22 日上午 7 时左右，某中心小学 251 名学生在喝完学校配置的牛奶后，出现身体不适，被送往医院治疗，其中 16 人出现恶心、呕吐等食物中毒症状。

（一）食物中毒的特点

1. 潜伏期短、突然地和集体地暴发，多数表现为肠胃炎的症状，并和食用某种食物有明显关系。由细菌引起的食物中毒占绝大多数。由细菌引起的食物中毒的食品主要是动物性食品（如肉类、鱼类、奶类和蛋类等）和植物性食品（如剩饭、豆制品等）。

2. 食用有毒动植物也可引起中毒。如食入未经妥善加工的河豚鱼可使末梢神经和中枢神经发生麻痹，最后因呼吸中枢和血管运动麻痹而死亡。一些含一定量硝酸盐的蔬菜，贮存过久或煮熟后放置时间太长，细菌大量繁殖会使硝酸盐变成亚硝酸盐，而亚硝酸盐进入人体

图 6-14 食物中毒

后，可使血液中低铁血红蛋白氧化成高铁血红蛋白，失去输氧能力，造成组织缺氧，严重时，可因呼吸衰竭而死亡。发霉的大豆、花生、玉米中含有黄曲霉的代谢产物——黄曲霉素，其毒性很大，它会损害肝脏、诱发肝癌，因此不能食用。

3. 食入一些化学物质，如铅、汞、镉、氰化物及农药等化学毒品污染的食品可引起中毒。在食品中滥加营养素，对人体也有害，如在粮谷类缺少赖氨酸的食品，加入适当的赖氨酸，能够改善营养价值，对人体有利；但若添加过量，或在牛奶、豆浆等并不需添加赖氨酸的食品中添加，就可能扰乱氨基酸在人体内的代谢，甚至引起对肝脏的损害。

4. 短时间内可能有多数人发病，发病范围局限在食用该类有毒食物的人群，一般具有相似的临床症状，常常出现恶心、呕吐、腹痛、腹泻等消化道症状。停止食用该食物后，发病很快停止，发病曲线在突然上升之后呈突然下降趋势。

5. 食物中毒病人对健康人不具有传染性。

（二）食物中毒的处置措施

1. 立即停止食用可疑食品。

2. 大量饮水，立即饮用大量干净的水，对毒素进行稀释。

3. 催吐，如果进食的时间没超过 2 小时，可使用催吐的方法。用手指刺激咽喉部（抠喉咙），尽可能将胃里的食物吐出。亦可用生姜汁兑温水冲服。

4. 导泻，如果进食时间已超过 2~3 小时，但精神仍较好，则可服用泻药，促使受污染的食物尽快排出体外。一般用大黄 30 克一次煎服，老年人可选用番泻叶 10 克，用开水泡茶饮。

5. 解毒，如果是因吃了变质的鱼、虾、蟹等引起的食物中毒，可取食醋 100 毫升，加水 200 毫升，稀释后一次服下。此外，还可以采用紫苏 30 克、生甘草 10 克一次煎服。如果症状较重，要及时送医院治疗。记得将吃过的食物封存，避免更多的人受害，同时有利于查清具体毒物。

几种常用食品的识别方法

1. 方便面：以小麦粉、麦粉、玉米粉、绿豆粉、米粉等为主要原料，添加食盐或食品添加剂等，加适量水调制、压迫、成型，汽蒸后，经油炸或干燥处理，达到一定熟度的方便食品，有油炸方便面和非油炸方便面。方便面的感官要求：① 色泽：呈该品种特有的颜色，无焦、生现象，正反两面可略有深浅差别；② 气味：气味正常，无霉味、哈味及其他异味；③ 形状：外形整齐，花纹均匀，不得有异物、焦渣；④ 烹调性：面条复水后，应无明显断条、并条，口感不生、不粘牙。

2. 火腿肠（高温蒸煮肠）：以鲜或冻畜、禽、鱼肉为主要原料，经腌制搅拌（或乳化）灌入塑料肠衣，经高温杀菌，制成的肉类灌肠制品。火腿肠的感官要求：① 外观：肠体均匀饱满，无损伤，表面干净，密封良好，结扎牢固，肠衣的结扎部位无内容物；② 色泽：具有产品固有的色泽；③ 质地：组织紧密，有弹性、切片良好，无软骨及其他杂物、无气孔；④ 风味：咸淡适中，鲜香可口，具固有风味，无异味。

3. 熟肉制品：主要包括肉干、肉松、肉灌肠、烧烤肉等。感官要求：无异味，无酸败味，无异物；熟肉干制品无焦斑和霉斑。

4. 乳制品：感官鉴别乳制品应当观察其色泽是否正常，质地是否均匀细腻，滋味是否纯正，同时有针对性地观察诸如酸乳有无乳清分离，奶粉有无结块，奶酪切面有无水珠和霉斑等情况。

5. 酸牛乳：纯酸牛乳，色泽呈均匀一致的乳白色或微黄色，具有酸牛乳固有的滋味和气味，组织细腻、均匀，允许有少量乳清析出；调味酸牛乳、果料酸牛乳，色泽呈均匀一致的乳白色，或调味乳、果料应有的色泽，滋味和气味具有调味酸牛乳或果料酸牛乳应有的滋味和气味，组织细腻、均匀、允许有少量乳清析出；果料酸牛乳有果块或果粒。

6. 罐头：容器应密封完好，无泄漏、胖听现象存在，容器外表无锈蚀，内壁涂料无脱落；内容物具有该罐头食品的正常色泽、气味、滋味、组织和形态，无异味、无杂质。

7. 瓶（桶）装饮用纯净水、瓶（桶）装饮用水：除色度、浑浊度有不同要求外，不得有异臭异味，不得检出肉眼可见物。天然矿泉水：具有本矿泉水的特征性口味，不得有异臭、异味；允许有极少量的天然矿物盐沉淀，但不得含其他异物。

8. 果、蔬汁饮料：应具所含原料水果、蔬菜应具有的色泽、香气的滋味，无异味，无肉眼可见的外来杂质。

9. 巧克力：具有各种巧克力和巧克力制品相应的色、香、味及形态，无异味，无肉眼可见的杂质。

10. 糕点、面包、饼干：应具有糕点、面包、饼干各自的正常色泽、气味、滋味及组织状态，不得有酸败、发霉等异味，食品内外不得有霉变、生虫及其他外来污染物。

11. 果冻：色泽应具有该产品原料相应的纯净色泽；滋味气味应具有该产品种应有滋味气味，无异味；性状应呈胶冻状，质软，无杂质。

12. 油炸小食品：应当具有本产品的正常色泽，无焦、生现象；气味正常，无霉味、哈喇及其他异味。

注意：散装食品，一般于当地小作坊生产，工艺简单，生产程序及配方、配料都不规范，生产成本低。有的散装食品既无厂名、厂址、生产日期、保质期、更无 QS 标志。希望同学们不要买、不要吃。

第三节 意外伤害防护

4月23日，某村7名学生相约水塘玩耍，4人游泳时意外溺水，3人身亡。

据了解，事发当天正是假期，附近村有7个孩子相约去水塘边玩水。起初，其中4个人下水玩耍，1名女孩突然被水草困住脚，留在岸上的3个孩子中年纪最大的女孩下水救人，但只救上来其中的一个女孩，其他1男2女共3人溺亡。未下水救人的两个小孩这时才想起跑回村里向大人求助。据村民提供的现场打捞视频显示，有多位救援人员持竹竿搭乘小木船在水潭来回搜寻，将近两个小时后才把3个孩子都打捞上来。

一、防溺水

（一）游泳注意事项

1. 必须在家长（监护人）的带领下去游泳。单身一人去游泳最容易出问题，如果你的同伴不是家长（成年人），在出现险情时，很难保证能够得到妥善的救助。

图6-15 防溺水

2. 身体患病者不要去游泳。中耳炎、心脏病、皮肤病、肝肾疾病、高血压、癫痫、红眼病等慢性疾病患者，及出现感冒、发热、精神疲倦等症状，身体无力都不要去游泳，因为上述病人参加游泳运动，不但容易加重病情，而且还容易发生抽筋、意外昏迷等情况，危及生命。传染病患者易把病传染给别人。另外，女学生月经期间不宜游泳。

3. 加强体力劳动或剧烈运动后，不能立即跳进水中游泳，尤其是在满身大汗、浑身发热的情况下，不可以立即下水，否则易引起抽筋、感冒等。

4. 被污染的（水质不好）河流、水库、有急流处、两条河流的交汇处以及有落差的河流湖泊，均不宜游泳。一般来说，凡是水况不明的江河湖泊都不宜游泳。

5. 恶劣天气，如雷雨、刮风、天气突变等情况下也不宜游泳。

6. 在游泳之前一定要做充足的准备活动。夏季天气炎热，不做准备活动马上入水，水温、体温、气温相差很大，骤然入水会导致毛孔迅速收缩，刺激感觉神经，轻则引起肢体抽筋，重则引起反射性心脏停跳休克，很容易造成溺水死亡。

7. 不要长距离游泳，不要远离伙伴。不游潜泳，更不能相互攀比谁潜水的时间更长、距离更远。这样做很容易发生危险。

（二）游泳之前的准备

1. 通过跳跃、慢跑使身体发热但不出汗至 2~4 分钟。其目的是使身体内各个器官进入到活动状态。

2. 做徒手操（体育课老师经常采用的），使身体各关节、韧带及身体肌肉做好充分活动准备，以防受伤。

3. 入水前用冷水淋浴一下，以适应水温，然后下水。

4. 水上准备工作。入水后不宜马上快速游泳，更不宜马上游入深水区。应在浅水区适应一段时间后，再逐渐加速。

（三）游泳中的紧急情况及自救

1. 抽筋。这是肌肉不自主的强直性收缩，水温过低或游泳时间过长，都可能引起抽筋，发生抽筋时最重要的是保持镇静、不惊慌。如果发现有抽筋现象，应马上停止游泳，立即上岸休息，并对抽筋部位进行按摩。如果在深水中发生抽筋，且自己无力处理，而周围又无同伴时，应向岸边呼救，千万不要慌张。

知 识 链 接

在水中解脱抽筋的方法，主要是牵引抽筋的骨肉，使收缩的肌肉伸展和松弛。

（1）手指抽筋时，将手握成拳头，然后用力张开，这样迅速交替做几次，直到解脱为止。

（2）一个手掌抽筋时，另一手掌猛力压抽筋的手掌，并做振颤动作。

（3）上臂抽筋时，握拳，并尽量曲肘，然后用力伸直，反复几次。

（4）小腿或脚趾抽筋时，先吸一口气，仰卧在水上，用抽筋肢体对侧的手握住抽筋的脚趾，并用力向身体方向拉，另一只手压在抽筋一侧肢体的膝盖上，帮助伸直，就可以得到缓解。如一次不行，可以连续做几次。

（5）大腿抽筋时，吸一口气，仰卧水上，弯曲抽筋的大腿，并弯曲膝关节，然后用两手抱着小腿用力使它贴在大腿上，并加振颤动作，最后用力向前伸直。

（6）胃部抽筋时，先吸一口气，仰浮水上。迅速弯曲两大腿，靠近腹部，用手稍抱膝，随即向前伸直，注意动作不要太用力，要自然。

再次强调：不管发生什么样的抽筋，都先向同伴或其他游泳者呼叫："我抽筋了，快来人呀！"

2. 溺水者如何开展岸上急救

（1）当溺水者被救上岸后，应立即将其口腔打开，清除口腔中的分泌物及其他异物。如果溺水者牙关紧闭，要从其后面用两手的拇指由后向前顶住他的下颌关节，并用力向前推进。同时，两手的食指与中指向下扳颌骨，即可打开他的牙关。

（2）控水。救护者一腿跪地，另一腿屈膝，将溺水者的腹部放到屈膝的大腿上，一手扶住他的头部，使他的嘴向下，另一手压他的背部，这样即可将其腹内水排出。

（3）如果溺水者昏迷，呼吸微弱或停止，要立即进行人工呼吸，通常采用口对口吹气的方法效果较好。若心跳停止，还应立即配合胸部按压，进行心脏复苏。

（4）注意，在急救的同时，要迅速打急救电话，或拦车送医院。

发现溺水者如何将其救上岸

方法一：可将救生圈、竹竿、木板等物抛给溺水者，再将其拖至岸边。

方法二：若没有救护器材，可以入水直接救护。接近溺水者时要转动他

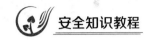

的髋部，使其背向自己然后拖运。拖运时通常采用侧泳或仰泳拖运法。

特别强调：未成年人发现有人溺水，不能贸然下水营救，应立即大声呼救，或利用救生器材呼救。未成年人保护法也规定："未成年不能参加抢险等危险性活动。"这也是学校为什么要强调学生去游泳要由家长带领。

二、安全用电

电击伤俗称触电，是由于电流通过人体所致的损伤。大多数是因人体直接接触电源所致，也有被数千伏以上的高压电或雷电击伤。

接触 1000 伏以上的高压电多出现呼吸停止，200 伏以下的低压电易引起心肌纤颤及心搏停止，220~1000 伏的电压可致心脏和呼吸中枢同时麻痹。触电局部可有深度灼伤而呈焦黄色，与周围正常组织分界清楚，有 2 处以上的创口、1 个入口、1 个或几个出口，重者创面深及皮下组织、肌腱、肌肉、神经，甚至深达骨骼，呈碳化状态。

（一）用电安全常识

1. 认识了解电源总开关，学会在紧急情况下关断总电源。

2. 不用手或导电物（如铁丝、钉子、别针等金属制品）去接触、探试电源插座内部。

3. 不用湿手触摸电器，不用湿布擦拭电器。

4. 电器使用完毕后应拔掉电源插头。插拔电源插头时不要用力拉拽电线，以防止电线的绝缘层受损而造成触电。电线的绝缘皮剥落，要及时更换新线或者用绝缘胶布包好。

5. 不随意拆卸、安装电源线路、插座、插头等。

6. 使用中发现电器有冒烟、冒火花、发出焦糊的异味等情况，应立即关掉电源开关，停止使用。

7. 避免在潮湿的环境下使用电器，更不能使电器淋湿、受潮，这样不仅会损坏电器，还会发生触电危险。

（二）触电后的急救方法

1. 立即切断电源，或用不导电物体如干燥的木棍、竹棒或干布等物使伤员尽快脱离电源。急救者切勿直接接触触电伤员，防止自身触电而影响抢救工作的进行。

2. 当伤员脱离电源后，应立即检查伤员全身情况，特别是呼吸和心跳，发现呼吸、心跳停止时，应立即就地抢救。

（1）轻症：即神志清醒、呼吸心跳均自主者，伤员就地平卧，严密观察，暂时不要站立或走动，防止继发休克或心衰。

（2）呼吸停止、心搏存在者，就地平卧解松衣扣，通畅气道，立即口对口人工呼吸，有条件的可气管插管，加压氧气人工呼吸。亦可针刺人中、十宣、涌泉等穴，或给予呼吸兴奋剂（如山梗菜碱、咖啡因、可拉明）。

（3）心搏停止、呼吸存在者，应立即做胸外心脏按压。

（4）呼吸、心跳均停止者，则应在人工呼吸的同时施行胸外心脏按压，以建立呼吸和循环，恢复全身器官的氧供应。现场抢救最好能两人分别施行口对口人工呼吸及胸外心脏按压，以1:5的比例进行，即人工呼吸1次、心脏按压5次，如现场抢救仅有1人，用15:2的比例进行胸外心脏按压和人工呼吸，即先做胸外心脏按压15次，再口对口人工呼吸2次，如此交替进行，抢救一定要坚持到底。

（5）处理电击伤时，应注意有无其他损伤。如触电后弹离电源或自高空跌下，常并发颅脑外伤、血气胸、内脏破裂、四肢和骨盆骨折等，如有，外伤、灼伤均需同时处理。

（6）现场抢救中，不要随意移动伤员，若确需移动时，抢救中断时间不应超过30秒。移动伤员或将其送医院，除应使伤员平躺在担架上并在背部垫以平硬阔木板外，应继续抢救，心跳呼吸停止者要继续人工呼吸和胸外心脏按压，在医院医务人员未接替前救治不能中止。

三、运动损伤

案例： 2015年10月24日下午，南京大学一名大三男生在体育长跑测试时，跑到700米左右猝然倒地，昏迷不醒，后经抢救无效，不幸去世。据一名体测志愿者称，24日下午2点半左右，他和舍友正在忙着帮老师做体测工作。突然，他的舍友看到一名很胖的学生跑了约700米后倒在地上，"全身抽搐，口吐白沫"。等到他赶上去时，这名学生已经晕倒，脸色煞白，一动不动。"同学们不敢随便动，毕竟没经验，怕帮倒忙。"体测志愿者说，有同学去叫了操场另一边的值班校医。校医来后，赶紧做人工呼吸和胸外心脏按压，另外有人拨打了 120。

（一）运动损伤发生的原因

1. 对预防运动损伤的重要意义认识不足。

2. 缺乏准备活动或准备活动不正确。

3. 技术水平低，动作不熟练。

4. 体质弱，身体素质差。

5. 运动量（特别是局部负担量）过大。

6. 身体、心理状态不佳。

7. 组织教法不合理，锻炼或比赛安排不当。

图 6-16　体育运动

8. 缺乏保护与帮助，或保护不及时、不正确。

9. 动作粗野，违反规则。

10. 运动服装、场地设备不合规范。

11. 光线不足或天气不良等。

12. 恢复时间、措施不当。

（二）运动损伤预防的原则

为减少以致杜绝运动中可能发生的伤害事故，必须坚持预防为主、积极治疗、抓早抓小、练治结合的原则，了解各项运动可能发生损伤的原因，采取积极的预防措施，才有可能把事故程度降至最低的水平。

1. 加强思想教育，加强安全、纪律性的教育，加强道德观念，培养友爱作风，发扬良好的体育道德风范。

2. 合理安排锻炼和训练，提高各方面的身体素质，合理安排运动负荷。进行身体锻炼时要遵循循序渐进等原则。

3. 做好充分的准备活动，并加强易伤部位的训练。

4. 加强保护与自我保护，加强医务监督与运动场地安全卫生的管理。

5. 合理安排教学和比赛。

（三）运动损伤的预防

1. 重视安全教育

重视安全教育，把安全教育作为教学或训练的重要内容，使大家在思想上重视对运动损伤的预防，克服麻痹思想，增强预防损伤的意识，懂得如何进行预防。

2. 体育活动的准备工作

内容应根据教学、训练和比赛的内容而定，要有针对性，既有一般性准备活动，又要有专项性准备活动等。对易伤部位，要及时做好预防措施。

3. 运动设施的维护和检查工作

在运动前一定要对所使用的运动设施进行认真检查，包括体育设施安全是否牢固、运动服装是否合身、随身物品是否存在安全隐患等。如果不符合规范，要进行及时更换，以免造成划伤、碰伤等意外伤害。

4. 运动中注意自我保护

要遵守运动场的规定，严格遵守体育教师的要求。如参与剧烈性运动（排球、足球等），要注意自我保护，不可故意与对方发生冲撞，减少双方的对抗和不必要的伤害。在剧烈运动中有必要穿戴防护器具，比如轮滑、足球等。

5. 运动后注意自我放松

要遵循体育锻炼的规律，在体育活动后，不要立即停下来休息，要做好全身的放松活动，比如慢跑、拉伸等，避免出现肌肉损伤。运动后还应注意不宜立即吸烟，不宜马上洗澡，不宜贪吃冷饮，不宜蹲坐休息，不宜立即吃饭，不宜大量吃糖，不宜喝大量的水。

6. 体育锻炼遵循科学规律

体育锻炼要遵循自己的身体素质，活动量要适中，不可超过自己身体所能承受的运动量。任何体育锻炼项目运动负荷量要循序渐进，逐步增加。同时，技工院校学生要了解学校的应急联系方式，一旦发生安全事故，一定要迅速报告值班教师或者学校相关部门，尽快对当事人进行及时救治，同时拨

打 120 来寻求医护人员帮助。

常见的运动损伤及急救办法

1. 开放性软组织损伤

局部皮肤或粘膜破裂，伤口与外界相通，常有组织液渗出或血液自创口流出。在体育运动中，常见的开放性软组织损伤有擦伤、撕裂伤、刺伤。这些损伤的共同特点是有伤口和出血。

急救办法：处理轻度擦伤时应进行伤口表面消毒，注意保护伤口卫生。处理严重的擦伤、撕裂伤、刺伤时，则需清洗伤口，并用抗菌药物治疗，伤口大者还须及时进行缝合、包扎，对有可能受污染的伤口，应注射破伤风抗毒素。

2. 闭合性软组织损伤

局部皮肤或粘膜完善，无裂口与外界相通，损伤时的出血积聚在组织内。常见的闭合性软组织损伤有挫伤、拉伤和扭伤。损伤部位包括肌肉、肌腱、筋膜、韧带和关节囊等。这些损伤无裂口与外界相通。

急救办法：减少或停止受伤肢体的局部活动或作局部固定，使受伤肢体得到休息。闭合性软组织损伤后，均有内出血发生，所以，应尽快止血，以防血肿的形成。止血方法一般采用冷敷、抬高伤肢、加压包扎等。闭合性软组织损伤 24~48 小时后，一般出血停止，这时可以进行轻度推拿、按摩和热敷、理疗，达到活血祛淤、消肿止痛的目的。

3. 脚踝扭

即"崴脚"，是体育活动中常见的一种运动损伤，大多出现在运动技术复杂的球类运动中（比如篮球、足球等）。

急救办法：脚踝扭伤以后，不要自行去处理。患者可以在急性期进行处理，然后到专业的医生处评估损伤程度和类型。自行在家进行急性处理时，要注意原则，即 RICE 原则。首先 R 代表休息，此时脚踝扭伤患者避免活动，也称作制动休息。Ice 指冰敷，通常需要 24 小时，若患者没办法坚持，白天到晚上的时间也可。第三原则是 Compression，即加压原则，如果家里有绷带或弹力绷带，可在脚踝肿胀部位，一直从远端向近端进行加压式的捆绑。第四原则是 Elevation，即抬高，即发生脚踝扭伤以后，在进行前三个步骤的同时，把脚踝抬高，高于心脏的平面。以上为最基本的急性期处理方法。若过了急性期，有条件时要及时看医生。

4. 运动中膝关节出现损伤的处理

（1）膝关节摔伤：膝盖摔伤时需要先进行皮肤消毒，以免细菌感染。用酒精消毒之后再覆盖上凡士林纱布。如果疼痛比较厉害，可以适当使用止痛药物。积极地防抗感染，淤血等一段时间自然会消除。如果一周后还不见好或者疼痛加重，可能是伤及骨头，建议去医院检查。

图 6-17 运动损伤

（2）膝盖扭伤：膝盖扭伤一般是伤及筋骨了，紧急的处理措施应该在伤后 24 小时内用冰敷，并且尽量较少活动，不要用任何跌打药酒或药油，主张 48 小时后再进行热敷，再使用活血化瘀的跌打药酒或药油。如果膝盖扭伤的程度很重，则需要到医院具体看看是什么病，严重的可能需要手术解决。

5. 运动中肩关节损伤的处理

处理原则为 POLICE 原则，P（Protection）是保护，用三角巾或支具进行保护；OL（Optimum Loading），即合适的负荷，在扭伤后第二天就可以开始进行有意识的活动，在不引起疼痛的前提下活动肩关节；I（Ice），即冰敷，每次冰敷 15~20 分钟，两次之间间隔两小时。C（Compression），即加压包扎，扭伤后的第一时间停止运动，用弹性绷带从身体远端向近端加压包扎；E（Elevation），即抬高患肢，将手臂抬高至少高过心脏的位置，加速血液和淋巴液的回流。

6. 骨折

骨折是指由于外力的作用，破坏了骨的完整性和连接性，骨折分为闭合性骨折和开放性骨折。发生骨折时，疼痛较轻，但随后因周围软组织和骨膜撕裂、肌肉痉挛等，一般比较剧烈，严重的可使人发生休克。

急救办法：开放性骨折的伤口要用消毒纱布对伤口做初步包扎、止血后，用长短合适的夹板或代用品（木板、木棍、树枝）固定伤肢，或把伤肢与伤员的躯干或健肢固定在一起，固定时绷带包扎松紧要适度，以夹板固定不动为宜，切不可随意复位，以免加重损伤。

骨折发生后，如出现休克现象，应先抗休克，取头低脚高平卧位、保暖；保持呼吸道畅通，并服用止痛药，如受伤者昏迷不醒，可用手指掐人中、百会等穴使其苏醒。

7. 关节脱位

在外力作用下，使关节面彼此失去正常的连接关系，称为关节脱位，又叫脱臼。关节脱位一般都会引起关节囊撕裂和关节周围的韧带肌腱及其附着组织的损伤。受伤后脱位的关节疼痛、肿胀、出现畸形，活动功能丧失。严重者，有时可能使血管、神经受损甚至伴有骨折。

急救办法：关节脱位后，应首先进行止痛抗休克，然后固定脱位关节，不得使之移动，更不得随意使用整复手法。做简易处理后，迅速护送到医院进行整复、治疗。

8. 脑震荡

它是指头部受到外力打击或碰撞以后，脑功能发生暂时性障碍。在运动损伤中，脑震荡较多发生在足球、摩托车、拳击、投掷、体操等运动过程中。脑震荡发生时，受伤者会立即出现神志昏迷、意志丧失，一般在数分钟到半小时后方才清醒，脉搏、呼吸微弱，并有不同程度的头昏、头痛、恶心、呕吐等症状。

急救办法：脑震荡发生后，应立即让伤者平卧，保持绝对安静。严禁摇动、牵扯，更不要随意移动位置，头部两侧用衣物填塞，以免左右摇晃，同时用毛巾浸湿冷敷头部，身体衣着要保暖。对神志不清者可用手指掐人中、合谷等穴，使其苏醒。病情严重者应立即送医院抢救。

9. 重力性休克

这是一种暂时性的血管调节发生障碍所引起的急性脑出血，出现全身软弱、头晕、恶心、呕吐、出冷汗、脸色苍白、脉搏跳动缓慢、呼吸缓慢甚至晕倒。重力性休克主要是由于参加赛跑（特别是短、中距离）到达终点后，突然停下来站立不动，此时下肢扩张的毛细血管和静脉失去了肌肉收缩对它们的挤压而产生的"肌肉泵"作用，血液因受重力的影响，大量的血液积聚在下肢血管中，这时上腔静脉回流困难，回心血量和心输出量减少，使脑部的血液供应暂时减少而发生的急性脑贫血。

急救办法：对于身体健康的人出现这种现象并不危险，应让休克者仰卧，两腿抬起高于头（保持静脉血回流到心脏），松开衣领、腰带，注意保暖，不省人事时可掐人中穴。清醒后喝点热糖水和热水，充分静卧、保暖和休息。

在教师指导下，同学们分组进行一些简单的急救练习。

四、疾病的预防

非典事件是指严重急性呼吸系统综合症（英语：SARS）于 2002 年在中国广东顺德首发，并扩散至东南亚乃至全球，直至 2003 年中期疫情才被逐渐消灭的一次全球性传染病疫潮。世界卫生组织 8 月 15 日公布最新统计数字，截至 8 月 7 日，全球累计非典病例共 8422 例，涉及 32 个国家和地区。自 7 月 13 日美国发现最后一例疑似病例以来，没有新发病例及疑似病例。统计显示：中国内地累计病例 5327 例，死亡 349 人；中国香港 1755 例，死亡 300 人；中国台湾 665 例，死亡 180 人；加拿大 251 例，死亡 41 人；新加坡 238 例，死亡 33 人；越南 63 例，死亡 5 人。

（一）呼吸道传染病

呼吸道传染病主要通过空气飞沫或直接接触病人而传播。冬春季是呼吸道传染病多发季节，主要原因有：春季气候变暖，细菌、病毒等繁殖加快；气候变化无常，早晚温差大，导致人的抵抗力下降；集中的活动，疾病容易相互传染；封闭的室内，空气流通不畅，疾病容易传播。

1.呼吸道传染病的预防

为加强呼吸道传染病的防治工作，重点预防控制流感、流行性脑脊髓膜炎、麻疹、非典型肺炎等呼吸道传染病，要做好以下预防措施。

（1）开展呼吸道传染病预防的科普宣传，了解疾病的特征与预防的方法，争取早发现、早报告、早隔离治疗病人，同学们发现身体不适，要及时到医院就诊，要避免乱投医、乱服药。

（2）户内要经常通风换气，促进空气流通，勤打扫环境卫生，勤晒衣服和被褥等。

（3）经常到户外活动，参加体育锻炼，呼吸新鲜空气，增强体质和免疫力。

（4）对出现呼吸道感染病例的宿舍、家庭，应注意其他成员隔离防护工作。

（5）保持良好的个人卫生习惯，打喷嚏、咳嗽和清洁鼻子后要洗手。洗手后用清洁的毛巾和纸巾擦干，不要共用毛巾。

（6）注意均衡饮食，定期运动，充足休息，减轻压力和避免吸烟。根据气候变化增减衣服，增强自我身体的抵抗力。

教室要经常开窗通风。打扫卫生时，要洒水。

警语

定期开窗通风换气，保持室内空气清新。

图 6-18　预防呼吸道传染病

2. 流行性感冒

流行性感冒，简称流感，是一种由流感病毒引起的急性呼吸道传染病。流感通过流感病人咳嗽、打喷嚏及接触病毒污染物等方式传播给易感者，其传染性极强，传播迅速，人群普遍易感。感冒和流感是两种不同的疾病。我们平时所讲的感冒，是指普通感冒，俗称"伤风"，由多种病毒、支原体或细菌引起。

预防流行性感冒，要做到：

（1）增强自身抗病能力；

（2）搞好室内外环境卫生，经常开窗通风，保持空气新鲜；

（3）讲究个人卫生，勤换衣服，经常晒毛巾和被褥；流感流行时提倡外出戴口罩；

（4）暂停或减少集会，尽量少到公共场所，不到病人家串门；

（5）加强营养，均衡膳食，多吃新鲜蔬菜、水果等；

（6）及时对患者进行诊断、治疗和隔离；

（7）室内可以用食醋熏蒸进行室内消毒；

（8）接种流感疫苗，提高免疫力。

（二）艾滋病

艾滋病是感染艾滋病病毒（HIV）后引起的一种严重传染病，主要通过性接触、静脉注射吸毒、母婴传播、血液及血制品等途径传播。为提高人们对艾滋病的认识，每年12月是联合国规划的"世界艾滋病运动月"，12月1日是"世界艾滋病日"。艾滋病虽然是种病死率极高的严重传染病，但是预防艾滋病是可行的。

目前，我国艾滋病疫情呈现增长的趋势，虽然处于低流行趋势，但是令人担忧的是HIV感染者中有2/3是青壮年，特别是16岁到19岁的青少年已占到总数的近1/10。近年来，据国家卫生部提供的信息表明，到2018年9月30日，中国艾滋病病毒感染者总共为20711例，其中病人741例，死亡397例，2018年的感染报告人数比去年同期增加了37.3%，超过了专家估计的30%的增长速度。中国艾滋病感染者主要分布在农村地区，男女比例约为5.2∶1；青壮年是受艾滋病影响的主要人群，其中20~29岁占56.9%，30~39岁占24.1%；静脉注射毒品是最主要的感染途径，感染艾滋病的人数占报告总数的72.1%。

（三）艾滋病常见症状

1.持续发烧：感染HIV的人，会出现不明原因的持续性发热，出现身体虚弱、发烧等症状，同时会出现精神恍惚、无力气、体重急速下降，同时伴随有反应迟钝、智力减退等现象。

2.呼吸困难：呼吸急促，无法控制，可能会长时间咳嗽不止，甚至出现胸口疼痛、浓痰带血的症状，不能用吃药解决，且容易反复，伴随食欲下降呕吐、口腔和咽部黏膜有炎症等症状。

3. 淋巴结肿大：感染 HIV 后，人体免疫系统会很脆弱，免疫力下降且出现淋巴结肿大现象；同时伴随出现不同的恶性肿瘤，身体表面会出现浸润性肿块、红色或紫红色斑疹、丘疹等。

4. 身体不适：女性可能出现月经不调、盆腔炎等症状，还有 30% 的人牙根坏死、口腔溃疡，口腔内有恶臭。

(四) 艾滋病的防范措施

1. 遵守性道德，洁身自爱，反对性乱，避免婚前和婚外性行为。

2. 不搞卖淫、嫖娼，卖淫、嫖娼等活动是艾滋病、性病传播的重要危险行为。

3. 不以任何方式吸毒。

4. 不去不正规的诊所、医院那里打针、拔牙、针灸或手术，不与他人共用注射器、纱布、药棉等。

5. 不轻易接受输血和使用血制品，不要使用未经检验的进口血液制品；献血时到正规的地方献血。

6. 建议不要用不消毒的针穿耳眼，不要纹身。

7. 牙刷、刮脸刀、电动剃须刀必须每个人自备专用，不与其他人共用。

8. 在工作、运动当中受伤流血时要学会保护自己，不要让破损的裸露皮肤受到感染。

案例：27 岁的汪清（化名）从小就是个乖乖女，大学毕业后，她在父母安排下，与相亲对象第一次谈恋爱。两个年轻人情投意合，交往两年后结婚。两人做孕前检查时，医生开出"艾滋、梅毒、丙肝"等感染疾病排查的检查单，汪清拒绝了："我不可能得这种病，不用查了。"2016 年汪清查出怀孕，家人喜出望外。然而当她去医院做孕检时却引发了一场"地震"——她被查出患有梅毒，而先生没有被感染。婆婆和先生怀疑的眼光让她几乎崩溃。医生仔细询问，她才回忆起自己结婚前，曾在路边小摊上打过耳洞，很可能就是那次埋下祸根。

第四节 自然灾害应对

自然灾害是指由于自然异常变化造成的人员伤亡、财产损失、社会失稳、资源破坏等现象或一系列事件。自然灾害的种类繁多，比较常见的有地震、山体滑坡、泥石流、雷击、台风等。这些灾害的破坏性极大，对我们的安全造成极大威胁。

案例： 2008 年 5 月 12 日，地震出现时，四川省绵阳市安县桑枣镇桑枣中学全校 2000 多名刚刚从午眠中醒来即将开始学习的学生，在各班教师的命令下，立刻趴在课桌下进行自我保护。当震波刚过去的一刹那间，各班学生按照学校的统一指挥迅速有序地疏散到了操场上，全校 31 个班 2000 多名学生疏散完毕，仅用了 1 分 30 多秒。强烈的地震严重地破坏了学校的所有房屋和各种设备设施，但两千多名师生却无一人伤亡，这简直是一个奇迹。

一、地震

由于地球不断运动，逐渐积累了巨大能量，在地壳某些脆弱地带造成岩层突然发生破裂或错动，这就是地震。地震是一种自然现象，目前人类尚不能阻止地震的发生。但是，我们可以采取有效措施，最大限度地减轻地震灾害。

(一) 地震有关知识

1. 地震前兆：指地震发生前出现的异常现象，如地震活动、地表的明显变化以及地磁、地电、重力等地球物理异常，地下水位、水温、动物的异常行为等。

2. 主震：在一个地震序列中最大的一次地震。

3. 余震：主震后发生的地震。

4. 震级：用来说明地震本身力量大小的一种标度，与地震释放的能量有关。

5. 震源：地震震动的发源处。

6. 震中：地面上与震源针对的地方。

7. 地震烈度：是距震中不同距离上地面及建筑物、构筑物遭受地震破坏的程度。

知 识 链 接

我国将地震烈度分为 12 度。地震烈度和地震震级是两个概念，如唐山 7.8 级地震，唐山市的地震烈度是 11 度，天津中心市区的烈度是 8 度，石家庄的烈度是 5 度。3 度，少数人有感；4~5 度，睡觉的人惊醒，吊灯摆动；6 度，器皿倾倒，房屋轻微破坏；7~8 度，房屋破坏，地面裂缝；9~10 度，桥梁、水坝损坏，房屋倒塌，地面破坏严重；11~12 度，毁灭性破坏。

（二）地震时的应急避险

一旦遇到地震，不能惊慌，切勿盲动。根据感觉判断地震大小、远近，通常情况下近震是先上下颠动，后左右晃动，而远震是只有前后左右的晃动感。如果是小震或者远震，国内的大多数居住的房屋基本都具备抗震能力，不必慌乱，以防造成连带伤害。根据判断采取正确的避险方法。

1. 学校场所避震

（1）要伏而待定，蹲下或坐下，头部躲进课桌下、讲台旁，绝不要乱跑。

（2）尽量蜷曲身体，降低身体重心。

（3）抓住桌腿等牢固的物体。

（4）注意保护头颈、眼睛，掩住口鼻等。

（5）地震停止后，要组织有秩序的撤离，注意寻找防护物来保护头部。

（6）跑到室外后，尽量去空旷开阔的地方，比如操场，注意避开高大建筑物或危险物。

2. 家中避震

（1）先躲后跑，不要先跑，根据地震时所处的位置，就近躲避。

（2）往牢固地方躲，比如床下、书桌、开间小的地方和有支撑的地方。

（3）来得及的话先开门，关煤气、电源等。

3. 公共场所避震

（1）听从工作人员指挥。

（2）不要急于涌向出口，与其他人保持好距离。

（3）如果遇到拥挤，解开领扣，双手交叉胸前，护住胸口。

（4）如果附近有应急避难场所，要在工作人员的引导下赶赴避难场所。

（三）震后自救方法

1. 树立生存的信心。如果处于狭小空间、周围漆黑的情况下，切勿惊慌，要沉着冷静，寻找自救、求救机会。

2. 尽量改善自己所处的环境，防止次生伤害的发生。

3. 在周围环境恶劣的情况下，一定要保持呼吸畅通，移开胸部、头部杂物，避开易倒塌、掉落物体。尽量扩大生存空间，寻求支撑物稳定生存空间。

4. 设法脱离险境，找不到脱离险境的通道时尽量保存体力，用石块敲击能发出声响的物体，向外发出呼救信号，不要哭喊、急躁和盲目行动。

5. 尽量维持生命，寻找食品和饮用水甚至雨水等维持生命等待救援。

在教室中进行地震演习。

二、山体滑坡、泥石流

案例：2018 年 7 月 1 日，西南石油大学一名老师带领 4 名硕士研究生在新疆阿克苏温宿县开展野外地质考察时，遭遇泥石流，造成包含老师在内的 4 名师生不幸遇难。

山体滑坡是指山坡在河流冲刷、降雨、地震、人工切坡等因素影响下，土层或岩层整体或分散地顺斜坡向下滑动的现象，也叫地滑，还有"走山""垮山"或"山剥皮"等俗称。泥石流是指在降水、溃坝或冰雪融化形成的地面流水作用下，在沟谷或山坡上产生的一种挟带大量泥沙、石块等固体物质的特殊洪流，也俗称"走蛟""出龙""蛟龙"等。

（一）山体滑坡、泥石流的灾害特点

山体滑坡的特点是属于顺坡"滑动"，泥石流的特点是沿沟"流动"。山体滑坡和泥石流都是由于重力作用，山体物质从高到低的一种趋向。因此，灾害产生的大小取决于滑坡或者泥石流的冲击速度，跟山体的地形坡度有关。

（二）山体滑坡、泥石流灾前识别方法

1. 山体滑坡的识别方法

（1）地形地貌辨别。斜坡上存在明显裂缝，裂缝在近期出现加长、加宽现象；坡体上的房屋出现开裂、倾斜；坡脚有泥土挤出、垮塌频繁。

（2）地层辨别。存在滑坡的地段，岩层及土体的类型、表状与未滑动斜坡有着明显的差异。滑动过的岩层或土体表面状态比较凌乱，结构上比较疏松。

（3）地下水辨别。滑坡一般会破坏土层的含水性，造成流动路径、渗出点发生改变。如果斜坡某点渗水或泉水点不协调，出现局部泉水集聚等现象，很可能会发生山体滑坡。

（4）植被辨别。如果树木东倒西歪，可能曾经出现过剧烈滑动；如果树木表现为主干朝坡下弯曲、主干上部保持垂直生长，斜坡可能已经存在长时间缓慢滑动。

2. 泥石流的识别方法

（1）物源辨别。泥石流基于松散土石参与，沟两侧必定存在碎石、土质岩石风化松散，沟谷两边滑坡、垮塌现象明显，植被不发育且缺少植被覆盖。

（2）地形地貌辨别。地形能够汇集较大水量、保持较高水流速度的沟谷。沟谷上游三面环山、山坡陡峻，沟谷上、下游高差大于 300 米，沟谷两侧斜坡坡度大于 25 度的地形条件。

（3）水源辨别。一般局地为暴雨多发区域，有溃坝危险的水库、塘坝下游，冰雪季节性消融区，具备在短时间内产生大量流水的条件。

（三）山体滑坡、泥石流的防范措施

虽然山体滑坡和泥石流不可避免，但是掌握防御措施，可以极大地减轻损失和人身伤害。

1. 注意在发生泥石流和山体滑坡前的物体征兆

崩塌的前缘掉块、坠落，小崩小塌不断发生；崩塌的脚部出现新的破裂形迹，能嗅到异常气味；不时能听到岩石撕裂、摩擦、碎裂的声音；出现地下水质、水量等异常；动植物出现异常现象；山坡前缘土体隆起，山体裂缝急剧加长加宽。

2. 泥石流出现前要朝山坡两侧跑，寻求两侧高处避险

遇到连续强降雨天气时，更易爆发泥石流，不要进入山沟等碎石多的地方。当听到山沟内有轰鸣声，或看到主河洪水上涨、正常流水突然断流，应该马上意识到泥石流就要到来，并立即采取逃生措施。

不要顺泥石流沟向上游或向下游跑，应向沟岸两侧山坡跑，且不要停留在凹坡处。

三、台风

案例：2019 年第 9 号台风"利奇马"8 月 4 日下午在西北太平洋洋面生成，7 日 17 时加强为强台风级，23 时加强为超强台风。10 日 1 时 45 分前后在浙江省温岭市沿海登陆，登陆时中心附近最大风力 16 级（52 米/秒，超强台风级），中心最低气压 930 百帕。登陆后，"利奇马"经过浙江、江苏两省及黄海海域，于 11 日 20 时 50 分在山东省青岛市黄岛区沿海第二次登陆，登陆时中心附近最大风力 9 级（23 米/秒），中心最低气压为 980 百帕。"利奇马"登陆浙江后一直北上，先后影响浙江、福建、江苏、上海、安徽、山东、河南、河北、天津、辽宁、吉林等省（市）。评估结果显示，"利奇马"造成的中等及以上台风灾害风险覆盖面积达 24.8 万平方公里。

图 6-19　台风

"利奇马"风雨强度大，影响区域又位于我国东部经济发达、人口密集的地区，加之北方沿海地区面对台风灾害防御能力较弱，造成了严重的灾害损失。据应急管理部统计，截至 2019 年 8 月 14 日，"利奇马"共造成 1402.4 万人受灾，56 人死亡，14 人失踪，1.5 万间房屋倒塌，农作物受灾面积 113.7 万公顷，其中绝收面积 9.35 万公顷，直接经济损失 515.3 亿元。

台风、飓风都是热带气旋。根据世界气象组织的定义，中心风力一般达到 12 级以上、风速达到每秒 32.7 米的热带气旋均可称为台风或飓风。

台风发生在西北太平洋及南海，飓风发生在东北太平洋和大西洋上，旋风是发生在印度洋上的、中心风力 12 级以上的热带气旋。

风力等级依据《风力等级》国家标准，依据标准气象观测场 10 米高度处的风速大小，将风力等级依次划分为 18 个等级，表达风速的常用单位有三个，分别为海里/小时、米/秒、公里/小时，我国台风预报时常用单位为米/秒。

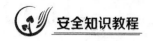

知识链接

国家气象局于 2001 年下发《台风业务和服务规定》，以蒲福风力等级将 12 级以上台风补充到 17 级。12 级台风定为 32.4~36.9 米/秒，13 级为 37.0~41.4 米/秒，14 级为 41.5~46.1 米/秒，15 级为 46.2~50.9 米/秒，16 级为 51.0~56.0 米/秒，17 级为 56.1~61.2 米/秒。琼海 30 年前那场台风，中心附近最大风力为 73 米/秒，已超过 17 级的最高标准，称之为 18 级。

（一）台风来临前的预防措施

1. 收听国家气象预警信息，了解防台风政策。

2. 关紧门窗，加固搭建物。

3. 不要在危旧房屋中居住。

4. 处于低洼易淹地区的人员及时转移至安全地区。

5. 学校要采取暂避措施，必要时停课。

（二）台风出现的避险防范

1. 学生尽量不要外出，如果在外边，不要在高空存在悬挂物或者容易倒塌的地方避险。

2. 如果是开车过程中，需要尽快停到地下停车场。

3. 在屋内需要关紧门窗，切勿在玻璃门窗附近逗留。

4. 不要靠近危险的建筑物或者靠近大树。

5. 千万不要用手或者身体接近倒塌的电线杆等；如果家里突然停电，需要切断电源。

6. 在室外注意避雷，防止雷击。

7. 在外参加社会实践时切记，如果有大型活动应根据应急预案及时取消，做好人员疏散工作。

四、雷击

雷电是自然界中的一种大规模静电放电现象，具有极大的破坏力。其破坏作用是综合的，包括电性质、热性质和机械性质的破坏。雷电可以在瞬间击伤击毙人畜；毁坏发电机、电力变压器等电气设备绝缘，引起短路导致火灾或爆炸事故；可以在极短的时间内转换成大量的热能，造成易燃物品的燃烧或造成金属熔化飞溅而引起火灾。地球上任何时候都有雷电在活动。

（一）雷电的种类

1. 直击雷

直击雷是云层与地面凸出物之间的放电形成的。

2. 球形雷

球形雷是一种球形，发红光或极亮白光的火球，运动速度大约为 2m/s。球形雷能从门、窗、烟囱等通道侵入室内，极其危险。

3. 雷电感应

也称感应雷，分为静电感应和电磁感应两种。静电感应是由于雷云接近地面，在地面凸出物顶部感应出大量异性电荷所致。电磁感应是由于雷击后，巨大雷电流在周围空间产生迅速变化的强大磁场所致。

4. 雷电侵入波

这是由于雷击而在架空线路上或空中金属管道上产生的冲击电压沿线或管道迅速传播的雷电波，其传播速度为 $3\times108m/s$。雷电可毁坏电气设备的绝缘，使高压窜入低压，造成严重的触电事故。例如，雷雨天室内电气设备突然爆炸起火或损坏，人在屋内使用电器或打电话时突然遭电击身亡，都属于这类事故。

（二）防雷措施

1. 防雷措施

主要是在建筑物上安装避雷针、避雷网、避雷带、避雷线、引下线和接地装置或在金属设备、供电线路上采取接地保护。

2. 室内预防雷击

（1）电视机的室外天线在雷雨天要与电视机脱离，而与接地线连接。

（2）雷雨天应关好门窗，防止球形雷窜入室内造成危害。

（3）雷暴时，人体最好离开可能传来雷电侵入波的线路和设备 1.5m 以上。拔掉电源插头，不要打电话，不要靠近室内的金属设备，如暖气片、自来水管、下水管，尽量离开电源线、电话线、广播线，以防止这些线路和设备对人体的二次放电。另外，不要穿潮湿的衣服，不要靠近潮湿的墙壁。

3. 室外避免雷击

（1）要远离建筑物的避雷针及其接地引下线。

（2）要远离各种天线、电线杆、高塔、烟囱、旗杆，如有条件应进入有宽大金属构架、有防雷设施的建筑物或金属壳的汽车和船只，要远离帆布篷车和拖拉机、摩托车等。

（3）应尽量离开山丘、海滨、河边、池旁；尽快离开铁丝网、金属晒衣绳、孤立的树木和没有防雷装置的孤立小建筑等。

（4）雷雨天气尽量不要在旷野里行走。如果有急事需要赶路时，要穿塑料等不浸水的雨衣；要走慢点，步子小点；不要骑在牲畜上或自行车上行走；不要用金属杆的雨伞，肩上不要扛带有金属杆的工具，如铁锹、锄头。

（5）野外作业遇雷雨时，作业人员应放下手中的金属器具，迅速到安全场所躲避，严禁在大树下、电杆旁或涵洞内躲避。

（6）人在遭受雷击前，会突然有头发竖起或皮肤颤动的感觉，这时应立刻躺倒在地，或选择低洼处蹲下，双脚并拢，双臂抱膝，头部下俯，尽量缩小暴露面即可。

■ 复习思考题：

1. 谈谈如何预防火灾的发生。

2. 列举你和你的同学的一些不良的饮食卫生习惯，并注意改正。

3. 在游泳或其他体育运动时，需要注意哪些问题？

4. 如何预防疾病的发生？

5. 总结遇到不同自然灾害时的应对。

参考文献

1. 郭凤安：《大学生安全教育》，清华大学出版社，2010.7.

2. 王中兴：《创建平安校园安全教育读本》，北京理工大学出版社，2012.8.

3. 郑声文：《试论我国青少年的国家安全教育》，《福建师范大学学报》，2005.

4. 曹雁：《浅析文化主权与青少年的国家民族意识》，《长春大学学报》，2009.

5. 边和平：《全球化语境下高校国家安全教育的反思与构建》，《黑龙江高教研究》，2006.

6. 林喜庆：《对新时期大学生国家安全教育的思考》，《北京工业大学学报》，2005.

7. 夏海燕：《中学生国家安全教育的问题与对策研究》，《苏州大学学报》，2010.

8. 赵亚莉：《心理健康知识与案例分析》（第二版），中国劳动社会保障出版社，2018.

9. 傅宏：《心理健康教育》，江苏凤凰科学科技出版社，2016.

10. （美）米哈里·契克森米哈赖著，张定绮（译）：《心流：最优体验心理学》，中信出版集团，2017.

11. 明宗峰：《网瘾是这样炼成的》，科学出版社，2016.

12. 京东法律研究院：《中国互联网行业法规文件汇编》，中国法制出版社，2018.

13. 最高人民检察院法律政策研究室：《网络犯罪指导性案例实务指引》，中国检察出版社，2018.